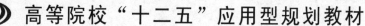
高等院校"十二五"应用型规划教材

大学物理实验教程

主　编　罗中华　杨　扬
副主编　程晓玲　王自敏　郑阳宁
参　编　王　春　张　林　吴允强
　　　　曹国涛　张明月　吴由松

南京大学出版社

内容简介

本教程根据教育部高等学校工科物理课程教学指导委员会制定的《高等工业学校物理实验课程教学基本要求》，结合各大学多年来的教学改革和课程建设的经验编写而成，内容涵盖力学、热学、电磁学、光学、近代物理等各领域，适合理工科非物理类专业物理实验课程教学使用。在内容的选择上力求适应新时期对人才培养的要求，以培养学生能力为主；在加强基础的前提下，又增加了不少综合性、应用性强的新型实验以及一些在物理学史上具有重要意义的经典物理实验。这些实验既相互独立，又相互配合，循序渐进，形成了一个完整的体系，能够使学生在实验方法、实验技术和实验仪器使用方面都得到全面而系统的训练。在内容编排上由简到难，循序渐进，着重实验思想和实验方法的引导，并绘制了大量的插图以配合实验原理阐述和实验仪器介绍，方便学生阅读和预习实验。

本教程既可作为高等学校理工科专业物理实验课程的教材，也可作为其他相关专业实验技术人员的参考用书。

图书在版编目（CIP）数据

大学物理实验教程 / 罗中华，杨扬主编. —南京：
南京大学出版社，2015.2
高等院校"十二五"应用型规划教材
ISBN 978 - 7 - 305 - 14758 - 6

Ⅰ. ①大… Ⅱ. ①罗… ②杨… Ⅲ. ①物理学—实验
—高等学校—教材 Ⅳ. ①O4 - 33

中国版本图书馆 CIP 数据核字(2015)第 029956 号

出版发行　南京大学出版社
社　　址　南京市汉口路 22 号　　邮　　编　210093
出 版 人　金鑫荣

丛 书 名　高等院校"十二五"应用型规划教材
书　　名　大学物理实验教程
主　　编　罗中华　杨　扬
责任编辑　惠　雪　吴　华　　　编辑热线　025 - 83597087
照　　排　江苏南大印刷厂
印　　刷　南京人文印务有限公司
开　　本　787×1092　1/16　印张 10　字数 247 千
版　　次　2015 年 2 月第 1 版　2015 年 2 月第 1 次印刷
ISBN 978 - 7 - 305 - 14758 - 6
定　　价　24.80 元

网　　址：http://www.njupco.com
官方微博：http://weibo.com/njupco
官方微信号：njupress
销售咨询热线：(025)83594756

前　言

　　大学物理实验是大学生进入大学后较早接触的一门全面而系统的实验课程,也是理工科学生必修的一门重要基础课。学习好物理实验的基本知识和方法,掌握物理实验的基本技能,对于学生科学实验能力的培养和分析、解决问题能力的提高都有着重要的意义。本教程就是结合编写者多年来的教学实践、教学改革和课程建设经验编写的,全书共编入 25 个实验,其内容涵盖力学、热学、电磁学、光学、近代物理等各领域,适合 90 学时左右的理工科非物理类专业物理实验课程教学使用。本教程在内容的选择和编排上,打破了以往的力学、热学、电磁学、光学等实验顺序的编排方式,而是力求适应新时期对人才培养的要求,以培养学生能力为主,在加强基础的前提下又增加了不少综合性、应用性强的新型实验。同时考虑到目前中学物理实验的实际情况,在涉及仪器介绍时,尽量突出仪器的基本原理、使用方法以及仪器型号和外形特征,并配以逼真的实验装置图加以说明,以便学生预习。本教程专门开辟专题介绍物理实验常用测量仪器,使学生能够了解一些物理实验的通用仪器的性能和使用方法。每个实验的目的明确、实验原理叙述清楚、实验仪器介绍详尽、实验步骤条理分明,同时还配有思考题和习题,以供学生在实验后分析讨论,进而巩固所学知识。

　　本教程在编写过程中参阅了其他相关的教材和实验仪器厂家的相关说明书,在此表示感谢。

　　本书由罗中华、杨扬统筹编写,具体编写分工为:绪论、实验十四由程晓玲编写,实验一至实验八由杨扬、王春编写,实验九至实验十三、实验二十三至实验二十五由张林、吴允强、曹国涛、张明月、吴由松编写,实验十五至实验十九由罗中华编写,实验二十至实验二十二由郑阳宁编写,全书的实验验证工作由程晓玲完成。

　　由于编者的水平有限,书中难免有缺点和错误,恳请读者批评指正。

编　者

2015 年 1 月

目　录

0 绪 论

一、大学物理实验课程的任务和要求

1. 物理实验的作用

物理学是研究自然界物质运动最基本、最普遍的形式。物理学所研究的运动普遍地存在于其他高级的、复杂的物质运动形式（如化学的、生物的等）之中，因此物理学在自然科学中占有重要地位，成为其他自然科学和工程科学的基础。

物理学是一门实验科学，物理学的形成和发展都是以实验为基础的。物理实验的重要性不仅表现在通过实验发现物理定律，而且表现在物理学中每一项重要突破都与实验密切相关。

2. 大学物理实验课程的目的和任务

大学物理实验是理工科学生必修的基础实验课程。物理学是工程技术学科的理论基础，从本质上说，物理学是一门实验科学。物理概念的建立、物理规律的发现，都是在实验事实的基础上建立起来的，并不断受到实验的检验。在物理学理论发展的每一步，物理实验都起着决定性的作用。大学物理实验课程有着它自身的特点，物理实验的知识、方法、技能是高等工程技术人员所必须具备的，需要由浅入深、由简到繁加以培养和锻炼。大学物理实验课程是理工科各专业一门必修的独立设置的基础实验课程，是学生进入大学后受到系统实验方法和实验技能训练的开端。它在培养学生用实验手段去发现、观察、分析和研究问题，最终解决问题的能力等方面起着重要的作用，也为学生后续课程的学习及独立地进行科学实验研究、设计实验方案和提出新的实验课题打下良好的基础。

根据教学大纲要求，大学物理实验的主要目的和任务如下。

（1）通过对实验现象的观察、分析和对物理量的测量，使学生进一步掌握物理实验的基本知识、基本方法及基本技能。能运用物理原理、物理实验方法研究物理现象的规律，加深对物理原理的理解。

（2）培养和提高学生的科学实验能力，包括：能够自行阅读实验教材，做好实验前的准备；能够借助教材和说明书，正确使用常用仪器；能够运用物理学理论对实验现象进行分析、判断；能够正确记录和处理实验数据，并绘制曲线，说明实验结果，写出实验报告；能够完成简单的设计性实验。

（3）培养与提高学生的科学实验素养。要求学生具有理论联系实际和实事求是的科学作风、严肃认真的工作态度、整洁有序的良好习惯、勇于探索的创新精神和遵守纪律、团结协作、爱护公共财产的优良品德。

3. 大学物理实验课程的主要教学环节

大学物理实验是一门实践性课程,其教学方式是以实践训练为主,学生应在教师的指导下,充分发挥主观能动性,加强自己的独立实践能力的训练。因此,要做好物理实验,必须抓好如下 3 个环节。

1) 实验预习

实验前要做好预习。预习时,主要阅读实验教材,了解实验目的,搞清楚实验内容,要测量什么量,使用什么方法,实验的原理是什么,使用什么仪器,性能如何,使用操作要点及注意事项等。在此基础上,设计好数据记录表格等。经验表明,课前预习的是否充分是实验中能否取得主动的关键。只有在充分了解实验内容的基础上,才能在实验操作中从容地观察现象,思考问题,达到预期的实验目的。

2) 实验操作

进入实验室后应遵守实验室规则,须经指导教师检查预习报告后方能进行实验。实验正式进行之前,首先要熟悉所用仪器设备的性能、正确的操作规程和仪器的正常工作条件。切勿盲目操作,避免损坏仪器,注意安全。仪器连接调试准备就绪后,开始进行测量,测量的原始数据要整齐地记录在准备的表格中,读数一定要认真仔细。记录的数据一定要标明单位,且不要忘记记录必要的环境条件等。测量完数据后,记录的数据要经指导教师审阅签字,发现错误数据时,则要重新进行测量。实验完毕,应整理好实验仪器,经指导教师检查后方可离开实验室。

3) 实验报告

实验报告是实验工作的总结,学会写实验报告是培养实验能力的一个方面。写实验报告要用简明的形式将实验结果完整、准确地表达出来,要求文字通顺、字迹端正、图表规范、结果正确、讨论认真。实验报告通常包括以下内容。

(1) 实验名称。表明做什么实验。

(2) 实验目的。说明实验要达到的目的。

(3) 实验仪器。列出主要仪器的名称、型号、规格、精度等。

(4) 实验原理。阐明实验的理论依据,写出待测量计算公式的简要推导过程,画出有关的实验原理图或示意图。

(5) 实验内容。根据实验过程写明内容和实验步骤。

(6) 实验数据分析、处理。实验中所测得的原始数据要尽可能以表格的形式列出,正确表示有效位数和单位。按要求对测量结果进行计算或作图表示,并对测量结果进行评定,计算不确定度,计算时要写出主要步骤。

(7) 实验结果。扼要写出实验结论。

(8) 问题讨论。讨论实验中观察到的异常现象及其可能的解释,分析实验误差的主要来源,对实验仪器的选择和实验方法的改进提出建议,回答实验思考题。

二、测量误差与数据处理的基本知识

物理实验离不开测量,测量必然要存在误差。随着科学技术的发展,测量方法和手段不断提高,尽管可将误差控制在愈来愈小的范围内,但始终不能完全消除。因此,必须对误差的来源、性质及规律进行研究,以便能及时发现误差,并采取减小误差的措施;必须正确处理数据,有效地提高测量精度和测量结果的可靠程度。误差理论与数据处理是以数理统计和概率论为基础的专门学科。近年来,误差的基本概念和处理方法也有了较大发展,逐步形成了新的表示方法。本课程仅限于误差分析的初步知识,着重介绍几个重要概念及简单情况下的误差处理方法,不进行严密的数学论证。

1. 测量的概念

物理实验是以测量为基础的。所谓测量,就是将被测量的物理量与作为测量单位的标准量进行比较,确定其比值的过程。测量各种物理量的具体方法有很多,按获得待测量结果的手段不同,可以分为直接测量和间接测量两大类。

1) 直接测量

直接测量是使用仪器或量具,直接测得(读出)被测量数值的测量,则该物理量称为直接测量量。如用米尺测量物体的长度、用天平称物体的质量、用电表测量电流和电压等。

2) 间接测量

间接测量是待测量不能直接从所使用的测量仪器上读出来,需要依据直接测量量,通过一定的关系式计算而得到,这种测量称为间接测量。需要通过间接测量求得结果的物理量称为间接测量量。例如,测量空心圆柱体的体积 V,就是由直接测量圆柱体的高 h、内径 d 和外径 D,通过关系式 $V=\frac{1}{4}\pi(D^2-d^2)h$ 而计算出来的,因此,V 是间接测量量。

2. 测量误差

一个待测物理量的大小,在客观上应该有一个真实的数值,叫做"真值"。当我们对某一物理量进行测量时,由于受测量仪器、实验条件以及种种因素的局限,测量不可能绝对精确,测量结果与被测量的真值(或约定真值)之间总有一定差距,测量值只能是真值的近似值,即存在着测量误差。测量所依据的方法和理论越繁多,所用的仪器装置越复杂,所经历的时间越长,引起误差的机会和可能性就越大。测量时,我们只能尽量地减小测量误差的影响,而不能完全消除它。测量误差简称为"误差",用 Δx 表示。误差定义为测量值 x 与真值 A 之差,即

$$\Delta x = x - A \qquad (0-1)$$

在现实的一切测量过程中,由于始终存在着测量误差,因而测量不到任何物理量的真值。通常,在测量条件不变的情况下,可以用多次(n 次)测量的算术平均值 $\bar{x}$ 作为测量的最佳值来代替真值 A(这里约定,在后续的讨论中,一般都用 $\bar{x}$ 代替 A)。这样,式(0-1)可以写成

$$\Delta x = x - \bar{x} \qquad (0-2)$$

为了定量地反映测量误差的大小,可采用下面两种表达方式,即绝对误差和相对误差来表示。

1) 绝对误差

绝对误差是指被测量的测量结果与其真值之差,即式(0-1)中的 Δx。它表示的是测量值偏离其实际值的大小。由式(0-2)可知,Δx 不仅有大小还有量纲,它的量纲与待测量 x 的量纲一致。如果测量结果的 Δx 大,则表示测量结果的准确度较差,与实际结果偏离较大。因

此,测量时要尽量减小测量误差。

2) 相对误差

相对误差是指某一待测物理量的绝对误差与其真值之比,它是没有量纲的,通常写成百分比的形式

$$E_r = \frac{\Delta x}{x} \times 100\%　　　　　　　　　　　　　(0-3)$$

3. 测量误差的分类

测量误差按其性质和产生的原因分类,可以分为系统误差和随机误差两大类。

1) 系统误差

系统误差的特点是总是使测量结果向一个方向偏离,它有固定的大小,或是按一定规律变化。系统误差的来源主要有下面几个方面:

(1) 仪器误差。这是由于仪器本身不可能制造得无限精密,总是存在着某些缺陷造成的。如仪器的零点不准、放大器的非线性、仪器本身的灵敏度和分辨率有限等。

(2) 理论(方法)误差。这是由于测量所依据的理论公式本身的近似性,或实验条件不能达到理论公式所规定的要求,或测量方法所带来的。如系统吸热测量公式中没有把散热考虑在内;单摆的周期公式 $T = 2\pi\sqrt{\dfrac{l}{g}}$ 的成立条件是摆角趋于零,这在实际中是达不到的;用伏安法测电阻时忽略了电表内阻的影响等。

(3) 个人误差。这是由于实验者自身生理或心理特点所带来的误差。例如,用停表计时,有人总是过早(或总是过迟)按表。对实验中的系统误差,可通过校准仪器、改进实验装置和实验方法,或对测量结果进行理论上的修正加以消除或尽可能减小。

2) 随机误差(又称偶然误差)

测量过程中,在同一条件下对某一物理量进行多次测量,多次测量的结果构成了一个测量列。由于环境变化(如温度的升降、振动、气流、噪声等的影响)和偶然因素的干扰,使测量结果略有差异,因而产生误差,这类误差称为随机误差。其特点是在相同条件下多次重复测量同一物理量时,测量结果的误差大小和符号都不固定,其数值时大时小,其符号时正时负,就某一次测量而言没有一定的规律,但在测量次数很多时,随机误差整体上服从正态分布的统计规律。

当测量次数足够多时,随机误差服从正态分布,误差分布函数 $f(x)$ 为

$$f(x) = \frac{1}{\sqrt{2\pi}\delta} \exp\left(-\frac{(x-u)^2}{2\delta^2}\right)　　　　　　　(0-4)$$

标准正太分布($u=0, \delta=1$)图形如图 0-1 所示,其中坐标原点 O 为被测量物理量的真值位置,横轴 x(相当于 Δx)代表随机误差,误差分布曲线下的面积元 $f(x)dx$ 的大小表示误差在 $(x, x+dx)$ 区间出现的概率。因此

$$\int_{-a}^{+a} f(x)dx = 1　　　　　　　　　　　　　(0-5)$$

必定成立。

式(0-5)称为误差分布函数的归一化条件。由图 0-1 可知,随机误差分布有如下特点:

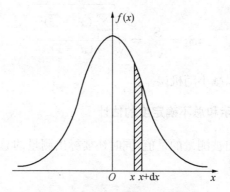

图 0-1 随机误差分布曲线

(1) 对称性。分布曲线关于纵轴对称,表明随机误差正值与负值出现的机会均等。

(2) 单峰性。分布曲线中间高、两端渐低而接近于横轴,表明误差以较大的概率分布于 O 附近,即绝对值小的误差出现的概率大,而绝对值大的误差出现的概率小。

(3) 有界性。测量的实际误差总是有一定界限而不会无限大,因而经验分布曲线总有一实际范围,即超过一定数值范围的误差出现的概率趋于零。

由误差的对称性和有界性可知,这类误差在叠加时有正负抵消的作用。这就是随机误差的抵偿性,利用这一性质建立的数据处理法则可有效地减小随机误差的影响,当测量次数 $n \rightarrow \infty$ 时,该随机误差的算术平均值趋于零。

除了系统误差和随机误差外,还有一种误差叫作粗大误差,多为过失或突发性干扰造成的,数值上一般偏大,处理的原则是将含有粗差的数据剔除。

4. 随机误差的处理

1) 测量的平均值

如前所述,在测量条件不变的情况下,一般是以多次(n 次)测量的算术平均值 x 作为测量的最佳值来代替真值 A,即测量结果

$$x = \overline{x} = \sum_{i=1}^{n} \frac{x_i}{n} = \frac{1}{n}(x_1 + x_2 + \cdots + x_n) \tag{0-6}$$

式中,x_i 是第 i 次测量值。

2) 标准偏差

对测量中随机误差的处理方法有多种,科学实验中常用标准偏差计测量的随机误差。

标准偏差的定义:对于一个测量列,当测量次数 n 有限(但 n 很大)时,各次测得值 x_i 与平均值 $\overline{x}$ 之差(即偏差)的"方和根",称为该测量列中任一值的标准偏差,用 S_x 表示

$$S_x = \sqrt{\frac{\sum\limits_{i=1}^{n}(x_i - \overline{x})^2}{n-1}} \quad (n \text{ 为有限}) \tag{0-7}$$

式中,S_x 是评价测量列优劣的参数。式(0-7)又称为贝塞尔公式。

n 次测量结果的平均值 $\overline{x}$ 的标准偏差 $S_{\overline{x}}$ 为

$$S_{\bar{x}} = \frac{S_x}{\sqrt{n}} = \sqrt{\frac{\sum_{i=1}^{n}(x_i - \bar{x})^2}{n(n-1)}} \tag{0-8}$$

式(0-8)表示多次测量可以减小随机误差。

5. 直接测量结果的表示和总不确定度的估计

完整的测量结果应给出被测量的量值,同时还要标出测量的总不确定度 Δ,写成 $\bar{x}\pm\Delta$ 的形式,即

$$x = \bar{x} \pm \Delta \tag{0-9}$$

式(0-9)表示被测量的真值在 $(\bar{x}-\Delta, \bar{x}+\Delta)$ 的范围内的可能性(概率),不确定度是指由于测量误差的存在而对被测量的真值不能肯定的程度。

根据国际标准化组织等 7 个国际组织联合发表的《测量不确定度表示指南》(ISO1993),物理实验的测量结果表示中,总不确定度(即合成不确定度)Δ 包含 A 类和 B 类两类分量:A 类指多次重复测量用统计方法计算出的分量 Δ_A;B 类指用其他方法估计出的分量 Δ_B。它们按照"方和根"法合成总不确定度

$$\Delta = \sqrt{\Delta_A^2 + \Delta_B^2} \tag{0-10}$$

6. 实验数据处理方法

实验中测得的大量数据,需要很好地整理、表示、分析、计算,以期从中得到最终结果,找出实验规律,这一过程称为数据处理。这里主要介绍数据处理的基本知识和基本方法。

1) 列表法

将实验中测量数据、中间计算数据、最终结果等按一定的形式和顺序列成表格,列表时要注意写清楚物理量的名称、符号和单位,以及一些必要的说明和备注。列表法的优点是结构紧凑,简单易行,便于分析比较,易于发现问题,易于找出物理量之间的相互关系和变化规律,以及多变量情况条理清楚,不混乱等。但其缺点是数据变化趋势不如图示法形象直观。

2) 作图法—图示法与图解法

(1) 图示法

实验结果的图形表示具有明显的直观性和很强的实用价值。根据图形,可以用图解法得到实验结果,也可以有助于选择经验公式和数学模型。具体作图步骤为:

① 根据整理好的实验数据选用合适的作图纸。常用的作图纸有直角坐标纸、对数坐标纸、极坐标纸等。

② 定标与分度。在坐标轴上标明轴所代表的物理量符号和单位,通常自变量要用横轴表示;坐标轴上标度的大小,一般应体现有效数字的位数;坐标原点不一定从零开始,两坐标轴标度比例应恰当,曲线尽量充满全幅图纸,清楚地反映变量之间的关系。另外,为便于绘图和查找数据,两标度值间的量值变化以取 1、2、5 及其十进倍率为佳。

③ 作散点图。用硬铅笔在图纸上用符号"×""○""△"等标出各实验数据点,一条曲线只能使用同一种符号。

④ 拟合曲线。用细铅笔沿直尺或曲线板通过多数实验点作直线或光滑曲线。不落在线上的实验点应均匀分布在曲线的两侧,且尽量靠近曲线。注意,校准曲线是用连接实验点的折线表示。

⑤ 图名与注解。在曲线上方或下方写出图线的名称、作图者姓名、日期及必要的注解说明等。

(2) 图解法

利用图示法得到的物理量之间的关系曲线,进一步求出所需的其他未知量的过程称为图解法。现通过下面的例子,来说明图解法的步骤和注意事项。线性方程 $y=ax+b$,由实验数据所得直线如图 0-2 所示,求出直线的斜率 a 和截距 b。

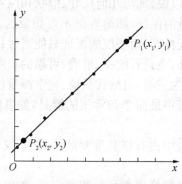

图 0-2 图解法求直线斜率与截距

① 选点。在直线上任取两点 P_1 和 P_2,用与实验点不同的符号,标出它们的坐标 (x_1, y_1) 和 (x_2, y_2)。P_1, P_2 一般不取实验点,相隔不能太近,也不允许超出实验点范围以外。

② 计算。由 $y_1=ax_1+b$,$y_2=ax_2+b$ 得:斜率 $a=(y_2-y_1)/(x_2-x_1)$,截距 $b=y_1\times[(y_2-y_1)/(x_2-x_1)]$,也可从图上直接读出 b 的数值。

③ 曲线改直线。

在实际工作中,有许多复杂的函数形式经过适当变换后可成为线性关系。即把曲线改成直线。由于线性问题容易研究,所以,在许多情况下常常需要把曲线图变成直线图。具体来说就是:已知非线性方程 $y=f(x)$,作变量变换 $y\rightarrow y'$,$x\rightarrow x'$,得到 y' 与 x' 间成线性化的方程。根据实验数据 (x, y) 计算 (x', y'),就可以在直角坐标纸上作 $y'-x'$ 的拟合直线,曲线改直线的常见情况见表 0-1。

表 0-1 非线性方程的线性化

序号	非线性方程	线性化变换		线性化方程
		y'	x'	
1	$y=(b_0+a_0x^a)^{1\cdot b}$	y^b	x^a	$y^b=b_0+a_0x^a$
2	$y=ax^b$	$\ln y$	$\ln x$	$\ln y=\ln a+b\ln x$
3	$y=b_0+a_0e^{ax}$	$\ln(y-b_0)$	x	$\ln(y-b_0)=\ln a_0+ax$
4	$y=e^{(a+bx)}$	$\ln y$	x	$\ln y=a+bx$
5	$e^y=ax^b$	y	$\ln x$	$y=\ln a+b\ln x$

1　物体长度的测量

长度是一个基本物理量。广义上讲,长度测量的基本参量是长度和角度,以及推导出的平直度、圆度、锥度、粗糙度等。可以说,凡与几何尺寸、形状和位置相关的地方,都离不开长度的测量。现代工业若没有长度测量的保证,那简直是不可想象的。比如,机械产品的质量,基本上取决于零件的加工精度和装配精度,而精度的保证只能通过长度测量。另外,现代工业要求所有的零部件具有高度的互换性,也只有统一、准确、可靠的长度测量才能予以保证。

长度测量器具,大体上可分为三类:机械式量仪、光学测量仪和电动量仪。

(1)机械式量仪是长度测量中最简单和常用的器具,如量块、角度块、线纹尺、千分尺、游标卡尺等。

(2)光学测量仪在长度测量中占有极其重要地位,光学仪器有各种测长机、读数显微镜、光栅尺和光电显微镜等。

(3)电动量仪是指将位移量转换成电量的测量仪器,如电感式、电容式微小位移测试仪,三坐标机等。

在实际工作中,要根据不同的测量范围和不同的精度要求,选择合适的测量器具,物理实验中常用的长度测量仪器是米尺、游标卡尺、螺旋测微计、读数显微镜等。通常用量程和分度值表示这些仪器的规格。量程是指测量范围;而分度值是仪器所标示的最小分划单位,仪器的最小读数。分度值的大小反映仪器的精密程度,分度值越小,仪器的误差相应也越小。学习使用这些仪器,应该掌握它们的构造原理、规格性能、读数方法、使用规格以及维护知识等。

在精度要求不高的情况下,通常用米尺来测量长度。米尺的分度值为 1 mm,因此,用米尺测量长度时,只能准确读到毫米这一位,毫米以下的一位仅能估计。在测量微小长度或精度要求较高的情况下,一般采用游标卡尺和螺旋测微计。

【实验目的】

1. 掌握游标卡尺和螺旋测微计的原理和使用方法。
2. 测量空心圆柱体的体积。
3. 掌握不确定度的计算方法。

【实验原理】

长度是基本物理量,在精度要求不高的情况下,通常用长度毫米这一位,米尺分度值 1 mm,因此,用尺测量长度时,只能准确读到毫米这一位,毫米以下的一位仅能估计。在测量微小长度或精度要求高的情况下,一般采用游标卡尺和螺旋测微计。

游标卡尺是应用游标读数原理进行读数的长度测量器具,它可以测量物体的长度、深度,以及圆环的内径和外径。

螺旋测微计,又称千分尺,它是比游标卡尺更精密的长度仪器,在测量时应该注意,不能直接拧转螺尺套口筒口,以免用力过大损坏螺纹或测距,在测量完毕后,测量尺与测杆间应留出一定的间隙。

【实验仪器】

1. 游标卡尺

游标卡尺是应用游标读数原理进行读数的长度测量器具。它可以测量物体的长度、深度、圆环的内径和外径等。

游标卡尺由主尺和游标组成,外形如图 1-1 所示,主尺 D 与量爪 A、A′相连,游标 E 与量爪 B、B′及深度尺 C 相连,游标可紧贴着主尺滑动。量爪 A、B 用来测量厚度和外径,量爪 A′、B′用来测量内径,深度尺 C 用来测量槽或孔的深度。当游标 0 线与主尺 0 线对齐时,读数是0;测量时,两个 0 线之间的距离等于所测的长度,F 为固定螺钉。

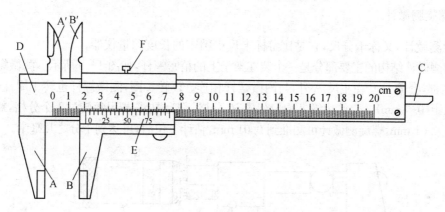

图 1-1　游标卡尺

下面介绍游标尺的读数原理。如图 1-2 所示主尺的刻度间距 $a=1$ mm,使游标10个刻度与主尺 9 个刻度相等,即游标刻度间距 $b=0.9$ mm。此时,主尺与游标刻度间距之差 $i=a-b=0.1$ mm。如果游标零刻度线与主尺某刻度对齐,则第 10 条刻线也与主尺刻线对齐。此时,若游标向右移动 0.1 mm,则第 1 条刻线与主尺刻线对齐,其余刻线均错开。若游标向右移动 0.2 mm 时,则第 2 条刻线与主尺刻线对齐,其余刻线都不与主尺对齐,当游标向右移动 0.9 mm 时,第 9 条刻线与主尺刻线对齐,其余刻线均错开。由此可见,游标在1 mm(主尺刻度间距)内移动的距离,可由与主尺对齐的游标刻线序号来确定,这就是游标读数的原理。

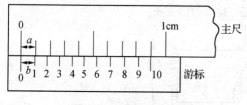

图 1-2　游标读数原理

当主尺和游标刻度间距过小时,难以辨认哪条线对齐,因而可将游标刻度间距放大。当 $a=1$ mm 时,使 $b=1.9$ mm,此时游标读数值 $i=2a-b=0.1$ mm,由此可见,游标的读数精度由游标刻度间距 b 与主尺 r 的刻度间距之差有关。$r=1,2,3,\cdots,$ 称为游标的模数,仅改变游标模数不能改变其读数值,但可使游标刻度间距发生变化,模数太大会使游标刻度尺的长度大大增长,一般 $r=1$ 或 2。表 1-1 列出了常用的 4 种游标形式。

表 1－1　常用的 4 种游标形式

分度值	主尺刻度间距 (mm)	游标模数	游标刻度间距 (mm)	游标格数	主尺刻度总长 (mm)
0.1	1	1	0.9	10	9
0.1	1	2	1.9	10	19
0.05	1	2	1.95	20	39
0.05	1	1	0.98	50	49

用游标卡尺测量之前,应先把量爪 A、B 合拢,检查游标的 0 和主尺 0 是否重合。如果不重合,应记下零点读数,予以修正。

游标卡尺是常用的精密量具,使用时要注意维护。测量时轻轻把物体卡住即可读数,切忌在卡口内拉动被夹紧的物体,要保护量爪不被磨损。游标卡尺用完后,应立即放回盒内。

2. 螺旋测微计

螺旋测微计,又称千分尺,它是比游标卡尺更精密的长度测量仪器。

螺旋测微计结构的主要部分是一个装在架子上的精密螺杆,如图 1－3 所示。测微螺杆在主尺 A 的内部,套筒 D 套在主尺 A 外,与测微螺杆相连。D 转 1 圈,测微螺杆也转 1 周,前进或后退 1 个螺距(0.5 mm)。套筒边缘 d 均匀刻成 50 分格,称为螺尺,螺尺每转过 1 个分格,螺杆就前进或后退 0.01 mm,螺旋测微计可测准到 0.01 mm,估计 1 位后,可达到千分之几毫米。

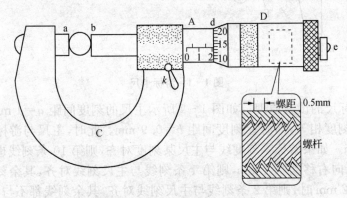

图 1－3　螺旋测微计

测量时,应轻轻转动棘轮旋柄 e(也称摩擦帽),推进螺旋杆前进,把待测物体刚夹住时,可听到"咯咯"声,此时应停止转动棘轮。读数时,先由主尺毫米刻度线读出毫米读数,剩余尾数由螺尺读出。如图 1－4 所示,其读数分别为 5.740 mm 和 3.019 mm。

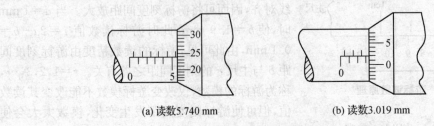

(a) 读数5.740 mm　　　　　　(b) 读数3.019 mm

图 1－4　螺旋测微计读数

螺旋测微计是精密仪器,在测量时应注意不能直接拧转螺尺套筒 D,以免用力过大而损坏螺纹或测砧。在测量完毕后,测砧与测杆间应留出一定的间隙。

3. 大小圆柱体若干

【实验内容】

用游标卡尺测出图 1-5 所示的圆柱体的外径 D、内径 d、高 H、孔深 h,得出空心圆柱体的体积 V。

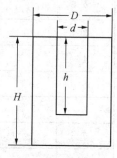

$$V = \frac{\pi}{4}(D^2 H - d^2 h)$$

检查、调整游标卡尺使其顺利工作,如果有零差,首先记下零差。游标的读数应减去此零差。

测样品的外径 D、内径 d、高 H、孔深 h 各 10 次,记入表格(表1-2)中。

严格按有效数字运算,计算出样品的体积和体积的不确定度,写出体积的标准形式。

图 1-5 圆柱体

实验中所用游标卡尺的仪器误差,及其最小读数,对二十分游标卡尺 $\Delta s = 0.05$ mm,对五十分游标卡尺 $\Delta s = 0.02$ mm。D、d、H、h 的不确定度分别为 σ_D、σ_d、σ_H、σ_h,由于 $D = D + \sigma_D$,$d = d + \sigma_d$,$H = H + \sigma_H$,$h = h + \sigma_h$,所以

$$V = \frac{\pi}{4}(D^2 H - d^2 h),$$

计算体积 V 的不确定度

$$\sigma = \sqrt{\left(\frac{\partial V}{\partial D}\right)^2 \sigma_D^2 + \left(\frac{\partial V}{\partial H}\right)^2 \sigma_H^2 + \left(\frac{\partial V}{\partial d}\right)^2 \sigma_d^2 + \left(\frac{\partial V}{\partial h}\right)^2 \sigma_h^2},$$

最后得出体积 V 的标准表达式

$$V = V \pm \sigma$$

我们知道,在测量过程中产生误差的因素有很多,必须抓住主要因素,按等作用原则分配,根据实际情况做调整,最后达到要求。当然,测量器具的选定不要片面追求精度,要考虑经济实用。作为教学内容改革尝试,请同学们做下面练习。

测量一圆柱体的体积时,可测量圆柱直径 D 和高 h,根据函数式求体积。

$$V = \frac{\pi}{4}D^2 h$$

已知直径和高度的公称值 $D_0 = 20$ mm,$h_0 = 50$ mm,要求测量体积的相对不确定度为 1%,试确定测量方案,选定测量器具,计算测量结果,验证精度是否达到要求。

【实验数据处理与分析】

表 1-2　测量空心圆柱体数据表　　　　　　　　　(单位:mm)

次数	D	ΔD	d	Δd	H	ΔH	h	Δh
1								
2								
3								
4								
5								
6								
7								
8								
9								
10								
平均								

【注意事项】

1. 选用测量仪器时,注意测量单位的选用。

2. 在许多实际工作中,往往并不像通常实验课中那样,给定被测样品和测量器具,测量后得到测量结果和不确定度,而是只给出被测样品和精度要求,需要操作者自己设计测量方法,选定测量器具,有效地达到测量目的,这就是所谓的误差或不确定度的分配问题。

【思考题】

1. 已知游标卡尺的最小分度值为 0.1 mm,其主尺的最小分度为 0.5 mm,试问游标的分度数(格数)为多少,以毫米为单位,游标的长度可能取哪些值?

2. 量角器的最小刻度只有半度,现在打算用游标将其精度提高到 1′,问游标应该怎样刻度? 画出示意图说明刻度情况。

3. 如果一螺旋测微计螺距为 0.5 mm,螺尺上刻有 100 个分格,问这个螺旋测微计的准确度是多少?

4. 一个物体长度约 2 cm,若用米尺、游标卡尺、螺旋测微计测量,问分别能读出几位有效数字? 若要进一步提高测量精度,可采用其他什么测量方法?

2 物体密度的测量

在生产和科学实验中,为了对材料成分进行分析和纯度鉴定,需要测定各种材料的密度。

【实验目的】

1. 学习物理天平的正确使用方法。
2. 用流体静力称衡法测定物体的密度。
3. 学习实验数据的处理方法及用复称法消除系统误差。

【实验原理】

物体的密度是指在某一温度时物体单位体积所包含的质量,即密度 ρ:

$$\rho = \frac{m}{V} \tag{2-1}$$

式中,m 是物体的质量,g;V 是物体的体积,cm^3;ρ 为物体的密度,$g \cdot cm^{-3}$。

对于规则物体可以利用测量长度的量具间接测得其体积,但对于不规则物体就不行。测量不规则物体体积的最简单方法是用量筒直接测量,但其测量准确度低。本实验所采用的静力称衡法,可使不规则物体的密度测量具有较高的准确度。

下面介绍用流体静力称衡法测量固体的密度。

如果将被测物体分别在空气中和水中称衡,得到其量值为 m 和 m_1,则物体在水中所受的浮力为

$$F = (m - m_1)g \tag{2-2}$$

根据阿基米德原理,浸在液体中的物体要受到向上的浮力,浮力的大小等于所排开液体的质量和重力加速度 g 的乘积,因此

$$F = \rho_0 Vg \tag{2-3}$$

式中,ρ_0 是液体的密度;V 是所排开的液体体积,即被测物体的体积。

由式(2-1)~式(2-3)可以得到待测固体的密度

$$\rho = \frac{m}{(m - m_1)} \rho_0 \tag{2-4}$$

式中,ρ_0 是水的密度。

【实验仪器】

物理天平、千分尺、游标卡尺、烧杯及待测物体等。

注意事项：

（1）使用前要认真了解物理天平的构造和使用注意事项。

（2）物理天平的正确使用可以归纳为 4 句话：调水平；调零点（注意游码一定要放在零线位置）；左称物；常止动（即加减砝码或物体，移动游码或调平衡螺母要关闭天平，只是在判断天平是否平衡时才能开启天平）。

【实验内容】

1. 测量规则金属圆柱体的密度 ρ_1

（1）用复称法测量金属圆柱体在空气中的质量。

为了观察与消除可能存在的不等臂误差，常用的方法是用复称法测量又称交换测量法。即先将被测物体放在天平的左盘，砝码放在右盘，称得质量为 $m_左$，然后，将被测物体放在右盘，砝码放在左盘，称得质量为 $m_右$，观察两者差别如何？依此判断天平的不等臂误差的情况。然后以其几何平均值的方法算出物体质量 m，消除天平的不等臂误差的影响。

（2）用游标卡尺测量金属圆柱体的长度，螺旋测微计测量其直径，各测量 6 次。

2. 用静力称衡法测量金属圆柱体的密度 ρ_1

称出物体浸没在水中的质量 m_1（若经过前面的观察发现物理天平的不等臂误较大，m_1 也可以用复称法测量，一般可以不用复称）。

将盛水的烧杯置于物理天平的托盘上，并使金属圆柱体浸没于水中。注意勿使金属圆柱体接触烧杯，金属圆柱体的表面不得附着气泡，开启天平后金属圆柱体得露出水面。

【数据处理与分析】

1. 列表记录所有测量数据和所使用仪器的仪器误差限，确定各测量值的最佳值与不确定度。

2. 按照式（2-2）和式（2-4）分别计算金属圆柱体的密度 ρ_1，根据不确定度合成公式分别计算 $\Delta\rho_1$，并正确表示测量结果。

【注意事项】

1. 物理天平称衡时，每次加、减砝码和移动游码时必须使天平止动。

2. 物理天平上的挂钩、架子和托盘均有编号，左右不能调换，否则天平将无法进行零点调节。

【思考题】

测量规则物体密度和不规则物体密度要注意哪些问题？

3 悬丝耦合弯曲共振法
测定金属材料杨氏模量

杨氏模量是工程材料的一个重要物理参数,它标志着材料抵抗弹性形变的能力。过去物理实验中所用的测量方法是"静态拉伸法",采用这种方法拉伸时负荷大,加载速度慢,具有弛豫过程,且不能真实地反映材料内部的结构变化。脆性材料无法使用这种方法测量,也不能测量不同温度时的杨氏模量。而弯曲共振法因其适用范围广(适用不同材料和不同的温度)、实验结果稳定、误差小,而成为世界各国广泛采用的测量方法。我国于 1979 年 9 月 14 日发布了弯曲共振法标准号和名称为 GB-1586-79《金属材料杨氏模量方法》的标准,其测量方法规定为悬丝耦合弯曲共振法,即又称为动态悬挂法,并规定自 1980 年 5 月 1 日起实施。

【实验目的】

1. 用悬丝耦合弯曲共振法测定金属材料杨氏模量。
2. 培养学生综合应用物理仪器的能力。
3. 设计性扩展实验,培养学生研究探索的科学精神。

【实验原理】

用悬丝耦合弯曲共振法测定金属材料杨氏模量的基本方法是将一根截面均匀的试样(圆棒或矩形棒)用两根细丝悬挂在两只传感器(即换能器,一只激振、一只拾振)下面,在试样两端自由的条件下,由激振信号通过激振传感器做自由振动,并由拾振传感器检测出试样共振时的共振频率。再测出试样的几何尺寸、密度等参数,即可求得试样材料的杨氏模量。

根据理论推导出

$$E = 1.606\,7\,\frac{l^3 m}{d^4}f^2 \quad (\text{圆形截面棒}) \qquad (3-1)$$

$$E = 0.946\,4\,\frac{l^3 m}{bh^3}f^2 \quad (\text{矩形截面棒}) \qquad (3-2)$$

式中,l 为棒长;d 为圆形棒的直径;b 和 h 分别矩形棒的宽度和直径;m 为棒的质量;f 为试样共振频率。

如果在实验中测定了试样在不同温度时的固有频率 f,即可计算出试样在不同温度时的杨氏模量 E。在国际单位制中杨氏模量的单位为 N·m^{-2}。值得注意的是两个公式时是根据最低级次(基频)的对称性振动的波形推导出的。试样在基频振动时,存在两个节点。由于节点是不振动的,因此,实验时悬丝不能吊挂在节点上。

【实验仪器】

MD-QMD-3型动态杨氏模量测试台中的换能器膜片已调整封固,无需再调。MD-QMD-3型信号发生器的前面板如图3-1所示,其后面板如图3-2所示。

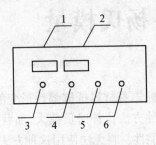

图3-1　前面板

1-幅值指示;2-频率指示;3-幅值调节;
4-频率粗调;5-频率细调;6-电源开关

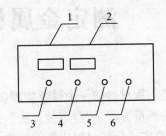

图3-2　后面板

1-放大器输出;2-拾振信号输入;
3-激振信号输出;4-保险丝盒;5-电源输入

图3-1中,幅值是液晶显示,由旋钮3调节;频率显示也为液晶显示,分别用旋钮4和5进行配合使用,其频率调节范围为200~2 000 Hz。从频率选择可见,该信号发生器频率范围较窄,因为一般信号发生器频率范围较宽,但细调不够。该仪器频率细调达0.1 Hz,适用于共振峰十分尖锐的情形。

实验的基本问题是测量试样在不同温度下时共振频率,为了测出频率,实验时应采用如图3-3所示的装置。

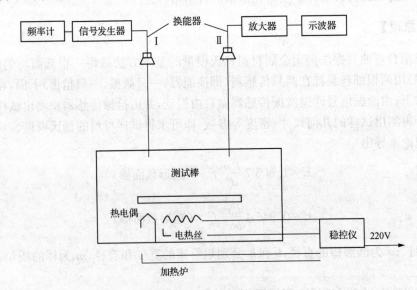

图3-3　实验装置原理图

如图3-3所示,由信号发生器输出的等幅正弦波信号,施加在传感器Ⅰ(激振)上,通过传感器Ⅰ把电信号转变成机械振动,再由悬线把机械振动传给传感器Ⅱ(拾振),这时机械振动又转变成电信号。该信号放大后送到示波器中显示。

当信号发生器的输出频率不等于试样的共振频率时,试样不发生共振,示波器上几乎没有信号波形或波形很小。当频率相等时,试样发生共振,示波器上的波形突然增大,其频率就是试样在该温度下的共振频率,根据式(3-1)和式(3-2)即可计算出试样的杨氏模量。

本实验装置可分3种:

(1) MD-QMD-3型动态杨氏模量测定仪可测量常温下试样的杨氏模量,无需使用加热炉。

(2) MD-QMD-3A型动态杨氏模量测定仪是用于测量高于常温时不同温度的杨氏模量,需用加热炉改变温度,温度小于600℃。若温度太高,试样品质受损,误差太大。

(3) MD-QMD-3B型动态杨氏模量测定仪用于测量低于常温时不同温度的杨氏模量,将加热炉改为低温槽。

【实验内容】

具体步骤如下:

1. 测量试样的长度 l、直径 d 和质量 m;

2. 测出共振频率 f(在室温下铜的杨氏模量为 $1.2 \times 10^{11} \mathrm{N \cdot m^{-2}}$,故可先估算出共振频率 f,以便寻找共振点。因试样共振状态的建立需要有一个过程,且共振峰十分尖锐,因此在共振点附近调节信号频率时需十分缓慢进行);

3. 得出待测铜棒的杨氏模量;

4. 用游标卡尺测量铜棒的长度 l,测量5次求平均值,将数据记录到表3-1中;

5. 用千分尺测量铜棒的直径 d,测量5次求平均值,将数据记录到表3-1中;

6. 用电子天平测量铜棒的质量 m,测量5次求平均,将数据记录到表3-1中;

7. 将钢棒悬于测量仪器上,调整两悬点到棒两端距离一致(悬点到棒两端距离应均在 $0.224l$ 附近,但应偏离节点),记下距离 x;

8. 将两根悬线上的压电陶瓷分别接到杨氏模量仪和示波器上,调节示波器,到出现稳定波形(杨氏模量仪的输出频率最好取100 Hz左右)为止;

9. 估算出共振频率 f,然后调节杨氏模量仪的输出频率,先粗调后细调,调至估算频率附近之后,再缓慢调节(细调)使出现共振现象,即示波器波形幅值最大,或拾振表幅值最大。记下幅值最大,出现共振时的频率;

10. 改变 x,重复步骤3、4,测出多组结果,将 x、f 分别记录在表3-2中;

11. 作出 f-x 图像,求出节点处的共振频率;

12. 将 m、d、l、f 各量代入 $E = 1.6067 \dfrac{l^3 m}{d^4} f^2$ 中,计算出此铜材料的杨氏模量。

【实验数据处理与分析】

表3-1

测量量 ＼ 次数	1	2	3	4	5	平均值
长度 l						
直径 d						
质量 m						

表 3 - 2

x/mm						
f/Hz						

【注意事项】

1. 关于试样的几何尺寸

在推导计算公式式(3-1)和式(3-2)的过程中,没有考虑试样任意截面两侧的剪切作用和试样在振动过程中的回转作用。显然这只有在试样的直径与长度之比(径长比)趋于零时才能满足。精确测量时应对试样不同径长比做出修正。令

$$E_0 = KE \qquad\qquad (3-3)$$

式中,E 为未经修正的杨氏模量;E_0 为修正后的杨氏模量;K 为修正系数。

K 值如下:

径长比 d/l	0.01	0.02	0.03	0.004	0.05	0.06
修正系数 K	1.001	1.002	1.005	1.008	1.014	1.019

实验时一般可取径长比为 0.03~0.04 的试样,径长比过小会因试样易于变形而使实验结果误差变大。对于同一材料不同径长比的试样,经修正后可以获得稳定的实验结果。

2. 关于悬丝的直径和材料

用《标准》中推荐的几种悬丝做实验,对某一试样在相同温度时测得的结果如下:

悬丝材料	棉线	Φ0.07 铜丝	Φ0.06 镍铬丝
共振频率/Hz	899.0	899.1	899.3

可见不同材料的悬丝,共振频率差值不大于 0.03%。但悬丝越硬,共振频率越大。用同种材料不同直径的悬丝做实验,对同一试样在相同温度时测得的结果如下:

铜丝直径/mm	0.07	0.12	0.24	0.46
共振频率/Hz	899.0	899.1	899.3	899.5

可见悬丝的直径越粗,共振频率越大。这与上述的悬丝越硬,共振频率越大是一致的。因此,如果实验的温度不太高,悬丝的刚度能承受时,悬丝尽量用细一些、软一些。

悬丝和试样安装时的倾斜度,经多次实验,未见明显影响。

3. 关于吊扎点的位置

在实验原理部分,已阐述了试样做基频对称型振动时,存在两个节点,节点是不振动的。实验时悬丝不能吊扎在节点上,必须偏离节点。在实验原理中,同时又要求在试样两端自由的

条件下,检测出共振频率。显然这两条要求是矛盾的。悬挂点偏离节点越远,可以检测到的共振信号越强,但试样受外力的作用也越大,由此产生的系统误差越大。为了消除误差,可采用内插测量法测出悬丝吊扎在试样节点上时,试样的共振频率。具体的测量方法可以逐步改变悬丝吊扎点的位置,逐点测出试样的共振频率 f。设试样端面至吊扎点的距离为 x,以 $\frac{x}{l}$ 为横坐标,共振频率 f 为纵坐标作图如图 3-4。

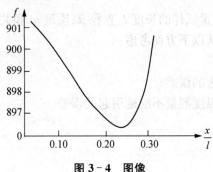

图 3-4   图像

从图 3-4 内插求出吊扎点在试样节点 $\left(\frac{x}{l}=0.224\right)$ 时的共振频率 $f(f=897.2\ \mathrm{Hz})$,实验数据如下:

x/mm	7.5	15.0	22.5	30.3	37.5	45.0	52.5
$\frac{x}{l}$	0.05	0.10	0.15	0.20	0.25	0.0	0.35
f/Hz	901.4	899.4	898.0	897.3	897.4	898.5	900.0
激振电压/V	0.2	0.3	0.4	2	3	0.4	0.3

4. 关于真假共振峰的判别

在实际测量中,往往会出现多个共振峰,难以分辨。尤其在高温测量时,因试样的机械品质因素下降,真假共振更难区别。下面介绍几种判别方法,以供参考。

1) 共振频率预估法

实验前先用理论公式估算出共振频率的大致范围,然后进行细致测量,这对于分辨真假共振十分有效。

2) 峰宽判别法

真正的共振峰的峰宽十分尖锐,尤其在室温时,只要改变激振信号频率±0.1 Hz,即可判断出试样是否处于最佳共振状态,而虚假共振峰的峰宽就宽多了。

3) 撤耦判别法

如果将试样用手托起,撤去激振信号通过试样耦合给拾振传感器的通道。如果是干扰信号,尤其是当激振信号过强时,直接通过空气或测振台传递给拾振传感器,则示波器上显示的波形不变。如果波形没有了,则有可能就是真的共振峰。

4) 其他

还有衰减判别法（突然去掉激振信号，共振峰应有一个衰减过程，而干扰信号没有）、倍频检查法、跟踪测量法（变温测量时）等。实验者可运用已有的物理学知识和实验技能，设法进行判别。

【思考题】

1. 用什么规格的仪器测量试样的长度 l、直径 d、质量 m 和共振频率 f？

2. 估算实验误差，可以从以下方面考虑：

（1）仪器误差；

（2）悬挂点偏离节点引进的误差；

（3）炉温分布不均匀和温度测量不准确引起的误差。

4 非平衡直流电桥的设计

直流电桥是一种精密的非电量测量仪器。它的基本原理是通过桥式电路来测量电阻,从而得到引起电阻变化的其他物理量,如温度、压力、形变等。直流电桥可分为平衡电桥和非平衡电桥。其中,平衡电桥是通过调节电桥平衡,把待测电阻与标准电阻进行比较直接得到待测电阻值,如惠斯登电桥、开尔文电桥。由于需要调节平衡,平衡电桥只用于测量具有相当稳定状态的物理量。在实际工程和科学实验中,物理量是连续变化的,只能采用非平衡电桥才能测量。非平衡电桥是直接测量电桥输出通过运算处理才能得到电阻值。若电桥后连接计算机对电桥输出进行采样并计算可立即得到结果。下面就直流电桥(包括非平衡电桥和平衡电桥)的基本原理及其应用进行详细介绍,然后再对相关的物理实验进行介绍。

1. 惠斯登电桥(平衡电桥)

惠斯登电桥是平衡电桥,其原理如图 4-1 所示。R_1、R_2、R_3、R_4 构成一电桥,A、C 两端供一恒定桥压 U_S,B、D 之间为有一检流计 PA。当平衡时,PA 无电流,B、D 两端为等电位。

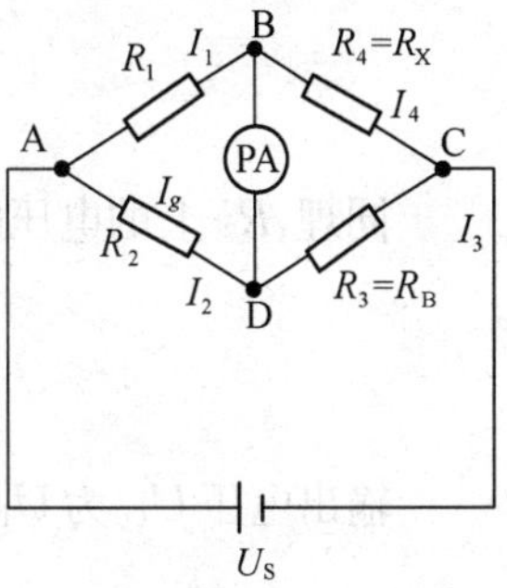

此时有 $U_B = U_D$、$I_1 = I_4$、$I_2 = I_3$,且有

$$I_1 R_1 = I_2 R_2$$
$$I_3 R_3 = I_4 R_4$$

于是

$$\frac{R_1}{R_2} = \frac{R_4}{R_3} \tag{4-1}$$

图 4-1

若设定 R_1 为待测电阻 R_X,R_B 为标准比较电阻 R_3,则有

$$R_X = \frac{R_1}{R_2} R_B = K R_B \tag{4-2}$$

式中,$K = \dfrac{R_1}{R_2}$,称为比率。一般惠斯登电桥 $K = 0.001$、0.01、0.1、1、10、100、$1\,000$,共 7 档。根据待测电阻大小,选择 K 后,只要调节 R_B,使电桥平衡,检流计为 0,就可以根据式(4-2)得到待测电阻 R_X 的数值,测量范围可达 $10^6\ \Omega$。

2. 非平衡电桥

非平衡电桥原理如图 4-2 所示,B、D 之间为一负载电阻 R_g,只要测量电桥输出 U_g、I_g,即

可得到 R_X 值。

1) 电桥分类

(1) 等臂电桥：$R_1 = R_2 = R_3 = R_4$。

(2) 输出对称电桥，也称卧式电桥：$R_1 = R_4 = R$，$R_2 = R_3 = R'$，且 $R \neq R'$。

(3) 电源对称电桥，也称为立式电桥：$R_1 = R_2 = R'$，$R_3 = R_4 = R$，且 $R \neq R'$。

2) 输出电压

当负载电阻 $R_g \to \infty$，即电桥输出处于开路状态时，$I_g = 0$，仅有电压输出并用 U_g 表示，若后面接数字电压或高输入阻抗放大器时即属此种情况。

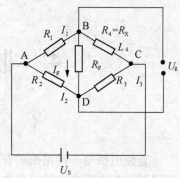

图 4-2　非平衡电桥原理图

根据分压原理，ABC 半桥的电压降为 U_S，通过 R_1、R_4 两臂的电流为

$$I_1 = I_4 = \frac{U_S}{R_1 + R_4} \tag{4-3}$$

则 R_4 上的电压降为

$$U_{BC} = \frac{R_4}{R_1 + R_4} \cdot U_S \tag{4-4}$$

同理，R_3 上的电压降为

$$U_{DC} = \frac{R_3}{R_2 + R_3} \cdot U_S \tag{4-5}$$

输出电压 U_O 为 U_{BC} 与 U_{DC} 之差，则

$$U_O = U_{BC} - U_{DC} = \frac{R_4}{R_1 + R_4} \cdot U_S - \frac{R_3}{R_2 + R_3} \cdot U_S = \frac{R_2 R_3 - R_1 R_4}{(R_1 + R_4)(R_2 + R_3)} \cdot U_S \tag{4-6}$$

当满足条件

$$R_1 R_4 = R_2 R_3 \quad \text{或} \quad \frac{R_1}{R_2} = \frac{R_3}{R_4} \tag{4-7}$$

则电桥输出 $U_O = 0$ 时，即电桥处于平衡状态，式(4-7)就称为电桥平衡条件。为了测量的准确性，在测量的起始点，电桥必须调至平衡，称为预调平衡。这样可使输出只与某一臂的电阻变化有关。

若 R_1、R_2、R_3 为固定，R_4 为温度函数 $R_t = R(t) = R_X$，则当温度从 $t_0 \to t_0 + \Delta t$ 时，$R_4 \to R_4 + \Delta R$，因电桥不平衡而产生的电压输出为

$$U_O(t) = \frac{R_2 R_4 + R_2 \Delta R_1 - R_1 R_3}{(R_1 + R_4)(R_2 + R_3) + \Delta R(R_2 + R_3)} \cdot U_S \tag{4-8}$$

若电阻变化很小，即 $\Delta R \ll R_i (i = 1, 2, 3, 4)$，则式(4-8)分母中含有 ΔR 项可略去，式(4-8)可变为

$$U_O(t) = \frac{R_2 \Delta R}{(R_1 + R_4)(R_2 + R_3)} \cdot U_S \qquad (4-9)$$

由式(4-9)可得3种桥式输出,分别为:

(1) 等臂电桥

$$U_O(t) = \frac{U_S}{4} \cdot \frac{\Delta R}{R} \qquad (4-10)$$

(2) 卧式电桥

$$U_e(t) = \frac{U_S}{4} \cdot \frac{\Delta R}{R} \qquad (4-11)$$

(3) 立式电桥

$$U_O(t) = \frac{RR'}{(R-R')^2} \cdot \frac{U_S}{4} \cdot \frac{\Delta R}{R} \qquad (4-12)$$

十分清楚,当$\Delta R \ll R_i$时,上述3种电桥的输出均与$\frac{\Delta R}{R}$呈线性关系,特别要强调的一点是式(4-9)～式(4-12)中的R和R'均为预调平衡后的电阻值。

测量得到电压输出后,通过上述公式可得到$\Delta R(x)$、R或$\Delta R(t)$,从而求得$R(t) = R - \Delta R(t)$。

等臂电桥和卧式电桥输出电压要比立式电桥高,因此其灵敏度也高,但立式电桥测量范围大,可以通过选择R、R'来扩大测量范围。R、R'差距越大,测量范围也越大。

3) 输出功率

当负载电阻R_g较小时,则电桥不仅有输出电压U_g,也有输出电流I_g,也就是说有功率输出,此种电桥也称为功率桥。有必要计算出I_g和U_g。功率桥可以表示为图4-3(a)。应用有源端口网络定理,功率桥可以简化为图4-3(b)所示的电路。U_{BD}为BD之间的开路电压,由式(4-6)表示,图4-3(b)中的R''是有源一端口网络等值支路中的电阻,其值等于该网络入端电阻R_r,见图4-3(c)。

$$R'' = R_r = \frac{R_1 R_4}{R_1 + R_4} + \frac{R_2 R_3}{R_2 + R_3} \qquad (4-13)$$

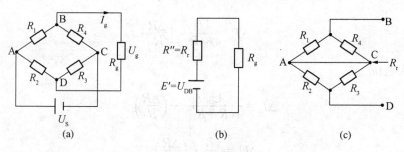

图4-3 功率桥

由图4-3(b)可知,流经负载R_g的电流为

$$I_g = \frac{U_{BD}}{R'' + R_g} = \frac{R_2 R_4 - R_1 R_3}{(R_1 + R_4)(R_2 + R_3)} U_S \Big/ \Big(\frac{R_1 R_4}{R_1 + R_4} + \frac{R_2 R_3}{R_2 + R_3} + R_g \Big)$$

$$= U_S \frac{R_2 R_4 - R_1 R_3}{R_g (R_1 + R_4)(R_2 + R_3) + R_1 R_4 (R_2 + R_3) + R_2 R_3 (R_1 + R_4)} \qquad (4-14)$$

当 $I_g = 0$ 时,则有

$$R_2 R_4 - R_1 R_3 = 0 \qquad 即 \quad \frac{R_1}{R_2} = \frac{R_3}{R_4} \qquad (4-15)$$

这是功率桥的平衡条件,与式(4-7)一致,也就是说功率输出与电压输出的平衡条件是一致。最大功率输出时,电桥的灵敏度最高。当电桥的负载电阻 R_g 等于输出电阻(电源内阻)即阻抗匹配时

$$R_g = R_r = \frac{R_1 R_4}{(R_1 + R_4)} + \frac{R_2 R_3}{R_2 + R_3} \qquad (4-16)$$

则电桥输出功率最大,此时电桥的输出电流由式(4-14)得

$$I_g = \frac{R_2 R_4 - R_1 R_3}{R_1 R_4 (R_2 + R_3) - R_2 R_3 (R_1 - R_4)} \cdot \frac{U_S}{2} \qquad (4-17)$$

输出电压为

$$U_g = R_g I_g = \frac{R_2 R_4 - R_1 R_3}{(R_2 + R_3)(R_1 + R_4)} \cdot \frac{U_S}{2} \qquad (4-18)$$

当桥臂 R_4 的电阻有增量 ΔR_4 时,我们可以得到 3 种桥式的电流、电压和功率变化。测量时都需要预调平衡,平衡时 I_g、U_g、P_g 均为 0,电流、电压和功率变化都是相对平衡状态时讲的。

当电阻增量 ΔR 较小时,即满足 $\Delta R \ll R_i$ 时,则不同桥式的 3 组公式分别为

(1) 等臂电桥

$$\Delta I_g = \frac{U_S}{8R} \cdot \Big(\frac{\Delta R}{R} \Big) \qquad (4-19)$$

$$\Delta U_g = \frac{U_S}{8} \cdot \Big(\frac{\Delta R}{R} \Big) \qquad (4-20)$$

$$\Delta P_g = \frac{U_S^2}{64R} \cdot \Big(\frac{\Delta R}{R} \Big)^2 \qquad (4-21)$$

(2) 卧式电桥

$$\Delta I_g = \frac{U_S}{4(R + R')} \cdot \Big(\frac{\Delta R}{R} \Big) \qquad (4-22)$$

$$\Delta U_g = \frac{U_S}{8} \cdot \Big(\frac{\Delta R}{R} \Big) \qquad (4-23)$$

$$\Delta P_g = \frac{U_S^2}{32(R + R')} \cdot \Big(\frac{\Delta R}{R} \Big)^2 \qquad (4-24)$$

（3）立式电桥

$$\Delta I_g = \frac{U_S}{4(R+R')} \cdot \left(\frac{\Delta R}{R}\right) \qquad (4-25)$$

$$\Delta U_g = \frac{U_S}{2} \cdot \frac{RR'}{(R+R')^2}\left(\frac{\Delta R}{R}\right) \qquad (4-26)$$

$$\Delta P_g = \frac{U_S^2}{8} \cdot \frac{RR'}{(R+R')^3}\left(\frac{\Delta R}{R}\right)^2 \qquad (4-27)$$

由式（4-19）～式（4-27）可知，当 $\Delta R \ll R_i$ 时，这 3 种桥式的电流、电压变化均与电阻变化率成线性比例。这对于测量处理十分方便。

测量得到 ΔI_g 和 ΔU_g，再通过上述相关公式运算得到相应的 $\Delta R_1(t)$ 和 $\Delta R_u(t)$，然后运用公式

$$\Delta R(t) = \Delta R_1(t) \times \Delta R_u(t) \qquad (4-28)$$

得到 $\Delta R(t)$，同理可得到 $R(t)=R+\Delta R(t)$，若采用功率表达式，则可直接运算得到 $\Delta R(t)$。如果计算先得到 ΔP_g，则可直接从 ΔP_g 得到 $\Delta R(t)$。

【实验目的】

作为基本实验，把平衡电桥和非平衡电桥合并在一起，以便全面学习与掌握直流电桥知识。

（1）掌握用直流单臂电桥（简易惠斯登电桥）测量电阻的基本原理和操作方法。

（2）掌握与学习用非平衡直流电桥电压输出方法，测量电阻的基本原理和操作方法。

（3）学习与初步掌握非平衡电桥的设计方法，学习与掌握根据不同待测电阻值选择桥式电阻和选择桥臂电阻的初步方法。

掌握非平衡电桥的设计和测量方法，尤其是针对不同测量对象的电阻值大小和相对变化率较大的电阻，能确定桥式电路和各臂阻值，并掌握非线性电阻测量的数据处理方法和功率桥的处理方法。

【实验原理】

一、非平衡直流电桥原理

关于非平衡直流电桥的基本原理，请参看其原理电路图如图 4-4 所示。不过电阻变化率限定在较小范围，即设定条件 $\Delta R \ll R_i$ 成立。所以，电压输出或功率输出均与 $\Delta R/R$ 成正比，但是在相当多的情况下，$\Delta R \ll R_i$ 条件不能成立，尤其是非线性电阻，其变化率往往相当大。

例如，2.7 kΩ-MF51 型半导体热敏电阻，温度从 25℃ 变化到 65℃ 时，电阻从 2 700 Ω 变化到 748 Ω，其变化率达到 72% 以上，$\Delta R \ll R_i$ 条件是绝对不成立的。对于这样一类电阻的测量，前面所有的公式均不能使用，必须重新推导非线

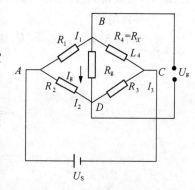

图 4-4 非平衡直流电桥原理图

性公式。

1. 输出电压

根据前面内容,得到的电桥不平衡时的电压输出($R_4 \rightarrow \infty$)为

$$U_O(t) = \frac{R_2 R_4 + R_2 \Delta R_1 - R_1 R_3}{(R_1 + R_4)(R_2 + R_3) + \Delta R(R_2 + R_3)} \cdot U_S \quad (4-29)$$

式(4-29)分母中的ΔR项不能略去,各种桥式的输出电压公式分别为:

1) 等臂电桥

$R_1 = R_2 = R_3 = R_4 = R$,则式(4-8)变为

$$U_O(t) = \frac{R \Delta R}{4R^2 - 2R \Delta R} \cdot U_S = \frac{U_S}{4} \cdot \frac{\Delta R}{R} \cdot \frac{1}{1 - \frac{1}{2} \frac{\Delta R}{R}} \quad (4-29a)$$

2) 卧式电桥

$R_1 = R_4 = R, R_2 = R_3 = R'$,则式(4-8)变为

$$U_O(t) = \frac{R' \Delta R}{4RR' + 2R' \Delta R} \cdot U_S = \frac{U_S}{4} \cdot \frac{\Delta R}{R} \cdot \frac{1}{1 + \frac{1}{2} \frac{\Delta R}{R}} \quad (4-29b)$$

3) 立式电桥

$R_3 = R_4 = R, R_1 = R_2 = R'$,则式(4-8)变为

$$U_O(t) = \frac{R' \Delta R}{(R+R')^2 + (R+R') \Delta R} \cdot U_S$$

$$= \frac{U_S}{4} \cdot \frac{RR'}{(R+R')^2} \cdot \frac{\Delta R}{R} \cdot \frac{1}{1 + \frac{\Delta R}{R+R'}} \quad (4-29c)$$

2. 输出功率

与输出电压同时的情况相仿,输出功率时从式(4-17)和式(4-18)出发,当R_4有一个电阻变化ΔR时,可以得到各种桥式的非线性公式。

1) 等臂电桥

$R_1 = R_2 = R_3 = R_4 = R$,则有

$$\Delta I_g = \frac{U_S}{2} \cdot \frac{R \Delta R}{2R^2(R + \Delta R) + R^2(2R + \Delta R)}$$

$$= \frac{U_S}{8R} \cdot \frac{\Delta R}{R} \cdot \frac{1}{1 + \frac{3}{4} \frac{\Delta R}{R}} \quad (4-30)$$

$$\Delta U_g = \frac{U_S}{8} \cdot \frac{\Delta R}{R} \cdot \frac{1}{1 + \frac{\Delta R}{2R}} \quad (4-31)$$

$$\Delta P_g = \Delta I_g \cdot \Delta U_g = \frac{U_S^2}{64R} \cdot \left(\frac{\Delta R}{R}\right)^2 \cdot \frac{1}{\left(1+\frac{3\Delta R}{4R}\right)\left(1+\frac{\Delta R}{2R}\right)} \tag{4-32}$$

2）卧式电桥

$R_1 = R_4 = R, R_2 = R_3 = R'$，则有

$$\Delta I_g = \frac{U_S}{2} \cdot \frac{R'\Delta R}{2R^2R' + 2RR'\Delta R + 2RR'^2 + R'^2\Delta R}$$
$$= \frac{U_S}{4(R+R')} \cdot \frac{\Delta R}{R} \cdot \frac{1}{1+\frac{2R+R'}{2(R+R')}\frac{\Delta R}{R}} \tag{4-33}$$

$$\Delta U_g = \frac{U_S}{8} \cdot \frac{\Delta R}{R} \cdot \frac{1}{1+\frac{\Delta R}{2R}} \tag{4-34}$$

$$\Delta P_g = \Delta I_g \cdot \Delta U_g = \frac{U_S^2}{32(R+R')} \cdot \left(\frac{\Delta R}{R}\right)^2 \cdot \frac{1}{\left(1+\frac{2R+R'}{2(R+R')} \cdot \frac{\Delta R}{R}\right)\left(1+\frac{\Delta R}{2R}\right)} \tag{4-35}$$

3）立式电桥

$R_3 = R_4 = R$，$R_1 = R_2 = R'$，$\Delta R_4 = \Delta R$，则有

$$\Delta I_g = \frac{U_S}{2} \cdot \frac{R'\Delta R}{R'R(R+R') + R'(R+R')\Delta R + R'R(R+R') + RR'\Delta R}$$
$$= \frac{U_S}{4(R+R')} \cdot \frac{\Delta R}{R} \cdot \frac{1}{1+\frac{2R+R'}{2(R+R')} \cdot \frac{\Delta R}{R}} \tag{4-36}$$

$$\Delta U_g = \frac{U_S}{2} \cdot \frac{RR'}{(R+R')^2} \cdot \frac{\Delta R}{R} \cdot \frac{1}{1+\frac{\Delta R}{R+R'}} \tag{4-37}$$

$$\Delta P_g = \Delta I_g \cdot \Delta U_g = \frac{U_S}{8} \cdot \frac{RR'}{(R+R')^3} \left(\frac{\Delta R}{R}\right)^2 \cdot \frac{1}{\left(1+\frac{2R+R'}{2(R+R')} \cdot \frac{\Delta R}{R}\right)\left(1+\frac{\Delta R}{R+R'}\right)}$$
$$\tag{4-38}$$

若从 ΔI_g、ΔU_g 计算得到 ΔR_1 和 ΔR_u，则用式（4-39）得到 $\Delta R(t)$

$$\Delta R(t) = \Delta R_1(t) \times \Delta R_u(t) \tag{4-39}$$

若计算功率 ΔP_g，则可从 ΔP_g 直接得到 $\Delta R(t)$，同理可得到 $R(t) = R + \Delta R(t)$。

二、2.7 kΩ - MF51 型半导体热敏电阻

该热敏电阻是由一些过渡金属物（主要含 Mn、Co、Ni、Fe 等氧化物）在一定的烧结条件下形成的半导体金属氧化物作为基本材料制成，具有 P 型半导体的特性。对于一般半导体材料，电阻率随温度变化主要依赖于载流子浓度，而迁移率随温度的变化相对来说可以忽略。但上述

过渡金属氧化物则有所不同,在室温范围内基本上已全部电离,即载流子浓度基本上与温度无关,此时主要考虑迁移率与温度的关系。随着温度升高,迁移率增加,电阻率下降,故这类金属氧化物半导体是一种具有负温度系数的热敏电阻元件。根据理论分析,其电阻-温度特性的数学表达式通常可表示为

$$R_t = R_{25} \cdot \exp[B_n(1/T - 1/298)] \tag{4-40}$$

式中,R_{25}、R_t 分别为25℃ 和 t℃ 时热敏电阻的电阻值;$T = 273 - t$;B_n 为材料常数,制作时不同的处理方法其值不同。

对于确定的热敏电阻,可以由实验测得的电阻-温度曲线求得,也可以把式(4-40)写成比较简单的表达式:

$$R_t = R_0 e^{E/KT} = R_0 e^{BU/T} \tag{4-41}$$

式中,$R_0 = R_{25} e^{-BU/298}$;k 是波耳兹曼常数。

因此,热敏电阻之阻值 R_t 与 t 为指数关系,是一种典型的非线性电阻。

【实验仪器】

1. 非平衡直流电桥

非平衡直流电桥的特点:

(1) 测量范围宽,平衡电桥 $1 \Omega \sim 11.111 \text{ M}\Omega$。

(2) 比例臂的量程倍率设置由实验者自行设定,这样既提高了实验者的动手能力,又增加了电桥比例臂的设置档位。

(3) 增加了一个测量读数盘,电桥在测量时,更易平衡。

(4) 电桥的3种测量盘均采用由密封开关和高稳定性线绕电阻组成的直读测量盘,使用方便、可靠。

(5) 仪器包含一个惠斯登电桥(平衡电桥)和一个非平衡电桥,平衡电桥及非平衡电桥的电压输出,功率输出由转换开关来实现。

1) 惠斯登电桥(平衡电桥)

惠斯登电桥的量程倍率为 $\times 10^{-3}$、$\times 10^{-2}$、$\times 10^{-1}$、$\times 1$、$\times 10$、$\times 10^2$、$\times 10^3$,使用平衡电桥时,其量程倍率根据测量需要自行设置,方法是通过电桥面板上 R_1、R_2 两组开关来实现,如"$\times 1$" 倍率可分别在 R_1、R_2 两组的"$\times 1000$"盘打"1",其余盘均为 0;"$\times 10^{-1}$"倍率可在 R_1 的"$\times 100$"盘打"1",R_2 的"$\times 10$"盘打"1",其余均为 0;"$\times 10^2$"倍率可在 R_1 的"$\times 1000$"盘打"1",R_2 的"$\times 10$"盘打"1",其余盘均为 0……。由此可组成上述分别不同的量程倍率。量程倍率确定后,调节 R_3 组的测量盘来测量 R_X 使电桥平衡,$R_X = \dfrac{R_1}{R_2} \cdot R_3$(测量盘示值)。

平衡电桥的使用电源为 1.3、5、15 V 共3组,各量程的主要参数见表4-1。

表 4-1　各量程的主要参数

量程倍率	有效量程 C/Ω	电源电压 /V	准确度等级 /%
$\times 10^{-3}$	$1 \sim 11.111$	1.3	2
$\times 10^{-2}$	$10 \sim 11.111$	5	0.2
$\times 10^{-1}$	$100 \sim 11.111$	5	0.2
$\times 1$	$1 \sim 11.111$ k	5	0.2
$\times 10$	10 k ~ 11.111 k	15	1
$\times 10^2$	100 k ~ 11.111 k	15	2
$\times 10^3$	1 M ~ 11.111 M	15	10

测量时,数字电流表作于电桥平衡指示仪。

2) 非平衡电桥

非平衡电桥的 3 个桥臂 R_1、R_2、R_3 分别由 $10 \times (1\,000 + 100 + 10 + 1 + 0.1)$ Ω 电阻和十进制开关组合而成,调节范围在 11.111 kΩ 内负载电阻 R'_g 有 1 个 10 kΩ 的多圈电位器(用于粗调)、1 个 100 Ω 多圈电位器(用于细调)串联而成,可在 10.1 kΩ 范围内调节。

数字电压表最大量程:200 mV。

数字电流表最大量程:功率为 1 W,电流为 20 mA,采用电阻 $R_S = 10$ Ω。

功率为 2 W,电流为 200 μA,采用电阻 $R_S = 1$ kΩ。

功率为 1 W 时,用于测量较小电阻(小于 1 kΩ),功率为 2 W,用于测量较大电阻(大于 1 kΩ)。

电压输出时,卧式电桥和等臂电桥允许待测电阻 R_x 变化率 $\Delta R/R$ 达到 25%;立式电桥允许 R_x 变化率向上变化达到 100%,向下变化为 70%,其中 $U_S = 1.3$ V。

功率输出时,允许 R_x 变化率大于电压输出时 R_x 变化率。

【实验内容】

1. 采用非平衡电桥的电压输出测量 2.7 kΩ - MF51 型的热敏电阻 $R(t)$,温度变化范围为室温 $\sim 65℃$。

1) 根据 2.7 kΩ - MF51 的电阻-温度特性确定桥式电路,并设计各臂电阻 R、R',以确保电压输出不会溢出(预习时设计计算好)。实验时可以先用电阻箱模拟,若不满足,立即调整 R' 阻值。

2) 预调平衡

(1) 根据桥式,预调 R、R',室温时电阻值为 R_0。

(2) 将功能转换开关旋至电压输出,按下 G、B 开关,微调 R_3 使数字分压表 0。

3) 升温,每升高 5℃ 测量 1 个点,将测量数据列表。

2. 采用非平衡电桥功率输出测量 2.7 kΩ - MF51 的 $R(t)$,温度范围为室温 $\sim 65℃$。

由于功率桥的测量范围比电压输出时的测量范围要大得多,可以选用等臂电桥或卧式电桥。

1) 选择桥式电路并确定桥臂电阻 R'。

2）根据式（4-16）计算 R_g。

3）预调平衡

（1）按照式（4-16）计算 R_g' 值，调节 R_g'。可采下列 2 种方法：一是用数字万用表的两个表笔插入 R_g' 两接线柱，再调节 R_g' 粗、细调旋钮（此时电桥上的 B、G 按钮不应按下）；二是利用 FQJ-Ⅱ型电桥本身的平衡桥进行调节，先将 R_g' 两接线端旋钮与 R_X 两接线端旋钮，分别用导线连接。按平衡电桥测试方法，选择好量程倍率，在 R_3 测量盘上打好 R_g' 的计算值，再调节 R_g' 粗、细调旋钮，使电桥平衡，再拆掉连接导线。

（2）将待测电阻接到 R_X 接线端旋钮上。

（3）测量室温时，按设计要求调节 R_1、R_2、R_3。

用数字万用表测量电流时，需在电路中设一采样电阻 R_S，如图 4-5 所示。为了消除误差，应该把采样电阻 R_S 包含在负载电阻 R_g 中。

$$R_g = R_g' + R_S \tag{4-42}$$

面板上调节的负载电阻为 R_g'

$$R_g' = R_g - R_S \tag{4-43}$$

功率 1 位置为测量小电阻的，其采样电阻为 $R_S = 10\ \Omega$，功率 2 位置为测量大电阻的，其采样电阻 $R_S = 1\ \text{k}\Omega$。

本实验中由于测量大电阻，采样电阻为 $R_S = 1\ \text{k}\Omega$，预调 $R_g' = R_g - 1\ \text{k}\Omega$。

（4）升温，每升高 5℃ 测量 1 个点，同时读取一组 $\Delta I_g(t) - t$ 和 $\Delta U_g(t) - t$ 数据，并列表。

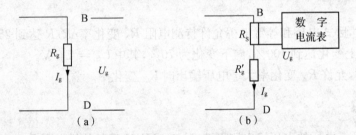

图 4-5　电流测量线路

【实验数据处理与分析】

1. 电压输出

（1）根据式（4-3），由 $U_O(t)$ 计算得到 $\Delta R(t)$，同时可得到 $R(t) = R + \Delta R(t)$。

（2）作 $R(t) - t$ 图，用最小二乘法拟合曲线，求出 B_n、R_0，得出经验方程。

2. 功率输出

1）数据处理方法 1

（1）根据式（4-30），由 $\Delta I_g(t)$ 计算得到 $\Delta R_1(t)$。

（2）根据式（4-31），由 $\Delta U_g(t)$ 计算得到 $\Delta R_u(t)$。

（3）根据公式 $\Delta R(t) = \Delta R_1(t) \times \Delta R_u(t)$，计算得到每一测量点的 $\Delta R(t)$。

（4）计算得到 $R(t) = R - \Delta R(t)$。

（5）作 $R(t)\text{-}t$ 曲线。

2）数据处理方法 2

（1）由 $\Delta I_g(t)$ 和 $\Delta U_g(t)$ 得到功率变化 $\Delta P_g(t) = \Delta I_g(t) \times \Delta U_g(t)$。

（2）根据式（4-32）由 $\Delta P_g(t)$ 计算得到 $\Delta R(t)$。

（3）计算 $R(t) = R - \Delta R(t)$。

（4）作 $R(t)\text{-}t$ 曲线。

上述两种处理方法任选一种。

3）根据式（4-41）可得 $\ln R = \ln R_0 + \dfrac{E}{K} \cdot \dfrac{1}{T}$，由此可知 $\ln R$ 与 $\dfrac{1}{T}$ 呈线性关系，用最小二乘法拟合该直线，并求出 R_0、E。

【注意事项】

1. 实验时，注意选用合适的量程；

2. 注意观察温度的变化。

【思考题】

1. 为什么功率桥比电压输出时的测量范围大？

2. 你所设计的电桥，测量中途发生电表溢出时，应采取什么措施？

3. 非平衡电桥在哪些工程中应用？能举出一、二个例子吗？

5 磁滞回线

磁性材料应用广泛,从常用的永久磁铁、变压器铁芯到录音、录像、计算机存储的磁盘等都采用磁性材料。磁滞回线和基本磁化曲线反映了磁性材料的主要特性。通过实验不仅能掌握用示波器观察磁滞回线以及基本磁化曲线的基本测量方法,而且能从理论和实际应用上加深对铁磁材料的认识。

铁磁材料分为硬磁和软磁两大类,其根本区别在于矫顽磁力 H_c 的大小不同。硬磁材料的磁滞回线宽,剩磁和矫顽力大(120~20 000 A/m),因而磁化后,其磁性可长久保存,适宜作永久磁铁。软磁材料的磁滞回线窄,矫顽力 H_c 一般小于 120 A/m,但其磁导率和饱和磁感应强度大,容易磁化和去磁,故广泛应用于电机、电器和仪表制造等领域。磁化曲线和磁滞回线是铁磁材料的重要特性,是设计电磁结构和仪表的重要依据之一。

磁学参量的测量一般比较困难,通常是利用一定物理规律,将磁学参量转换为易于测量的电学参量,这种转化测量法是物理实验中常用的基本测量方法。

【实验目的】

1. 认识铁磁物质的磁化规律,比较三种典型的铁磁物质的动态磁化特性。
2. 测定样品的基本磁化曲线,并在坐标纸上作出 μ-H 曲线。
3. 测定样品的 H_c、B_R、B_S 等参数。
4. 学会用示波器测绘基本磁化曲线和动态回线。

【实验原理】

1. 磁化曲线

如果在电流产生的磁场中放入铁磁物质,则磁场将明显增强,此时铁磁物质中的磁感应强度比没放入铁磁物质时电流产生的磁感应强度增大百倍,甚至在千倍以上。铁磁物质内部的磁场强度 H 与磁感应强度 B 有如下关系:

$$B = \mu H$$

对于铁磁物质而言,磁导率 μ 并非常数,而是随 H 的变化而变化的物理量,即 $\mu = f(H)$ 为非线性函数,所以 B 与 H 也是非线性关系,如图 5-1 所示。

铁磁材料的磁化过程:其未被磁化的状态称为去磁状态,这时若在铁磁材料上加上一由小到大变化的磁化场,则铁磁材料内部的磁场强度 H 与磁感应强度 B 也随之变化。但当 H 增加到一定值(H_S)后,B 几乎不再随着 H 的增加而增加,说明磁化达到饱和,如图 5-1 中的 OS 段曲线所示。从未磁化到饱和磁化的这段磁化曲线称为材料的起始磁化曲线。

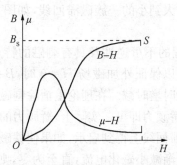

图 5-1　磁化曲线和 μ-H 曲线

2. 磁滞回线

当铁磁场材料的磁化达到饱和后,如果将磁场减小,则铁磁材料内部的 B 和 H 也随之减小,但其减小的过程并不是沿着磁化时的 OS 段退回。显然,当磁化场撤消,$H=0$ 时,磁感应强度仍然保持一定的数值 $B=B_r$,称为剩磁(剩余磁感应强度)。

若要使被磁化的磁感应材料的磁感应强度 B 减小到 0,必须施加上一个反向磁场并逐步增大。当铁磁材料内部反向磁场强度增加到 $H=H_C$ 时(图 5-2 上的 c 点),磁感应强度 B 才为 0,达到退磁。图 5-2 中的 bc 曲线为退磁曲线,H_C 为矫顽力。如图 5-2 所示,H 按 $O \to H_S \to O \to -H_S \to -H_C \to O \to H_C \to H_S$ 的顺序变化时,B 相应沿 $O \to B_S \to B_r \to O \to -B_S \to -B_R \to O \to B_S$ 的顺序变化。图 5-2 中的 Oa 曲线称起始磁化曲线,所形成的封闭曲线 $abcdefa$ 称为磁滞回线。

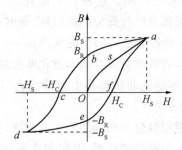

图 5-2　起始磁化曲线和磁滞回线

由图 5-2 可知:

(1) 当 $H=0$ 时,$B \neq 0$,这说明铁磁材料还残留一定值的磁感应强度 B_r,通常 B_r 为铁磁物质的剩余磁感应强度(剩磁)。

(2) 若要使铁磁物质完全退磁,即 $B=0$ 必须加一个反向磁场 H_C。这个反向磁场强度 H_C 称为该铁磁材料的矫顽力。

(3) bc 曲线称为退磁曲线。

(4) B 的变化始终落后于 H 的变化,这种现象称为磁滞现象。

(5) H 的上升与下降到同一数值时,铁磁材料内部的 B 值并不相同,即磁化过程与铁磁材料过去的磁化经历有关。

(6) 当从初始状态 $H=0$,$B=0$ 开始周期性的改变磁场强度的幅值时,在磁场由弱到强单调增加过程中,可以得到面积由大到小的一簇磁滞回线,如图 5 - 3 所示。其中最大面积的磁滞回线称为极限磁滞回线。

(7) 由于铁磁材料磁化过程的不可逆性及具有剩磁的特点,在测定磁化曲线和磁滞回线时。首先将铁磁材料预先退磁,以保证外加磁场 $H=0$ 时,$B=0$。其次磁化电流在实验过程中只允许单调增加或减少,不能时增时减。在理论上消除剩磁 B_R,只需改变磁化电流方向,使外加磁场正好等于铁磁材料的矫顽力即可。实际上,矫顽力的大小通常并不知道,因而无法确定退磁电流的大小。我们从磁滞回线上得到启示,如果使铁磁材料磁化达到饱和,然后不断改变磁化电流的方向,与此同时逐渐减小磁化电流,直至为零,则该材料的磁化过程就是一连串逐渐缩小而最终趋于原点的环状曲线,如图 5 - 4 所示。

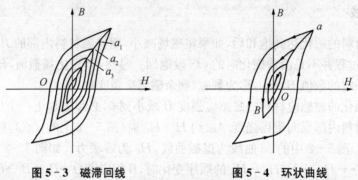

图 5 - 3　磁滞回线　　　　　　　图 5 - 4　环状曲线

实验表明经过多次反复磁化后,B - H 的量值关系形成一个稳定的闭合的磁滞回线。通常以这条曲线来表示该材料的磁化性质。这种反复磁化的过程成为磁锻炼。本实验采用 50 Hz 的交变电流,所以每个状态都是经过充分的磁锻炼,随时可以获得磁滞回线。

我们把图 5 - 3 中的原点 O 和各个磁滞回线的顶点 $a_1, a_2, a_3, \cdots, a_n$ 所连成的曲线,称为铁磁材料的基本磁化曲线。不同的铁磁材料其基本磁化曲线是不同的。为了使样品的磁特性可重复出现,也就是指所测得基本磁化曲线都由原始状态($H=0, B=0$)开始,在测量前必须进行退磁,以消除样品中的剩余磁性。

磁化曲线和磁滞回线是铁磁材料分类和选用的主要依据,其中软磁材料的磁滞回线狭长、矫顽力、剩磁和磁滞损耗均较小,是制造变压器、电机和交流磁铁的主要材料。而硬磁材料的磁滞回线较宽,矫顽力大,剩磁强,可用来制造永久磁体。

3. 示波器测量 B - H 曲线的原理和线路

示波器测量 B - H 曲线的实验线路如图 5 - 5 所示。

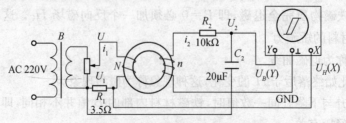

图 5 - 5　测量 B - H 曲线的实验线路

本实验研究的铁磁物质为环形和 EI 形矽钢片，N 为励磁绕组，n 为用来测量磁感应强度 B 而设定的绕组，R_1 为励磁电流取样电阻。设通过 N 的交流励磁电流为 i_1，根据安培环路定律，样品的磁化场强为

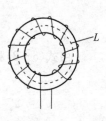

$$H = \frac{Ni}{L}$$

式中，L 为样品的平均磁路长度（图 5 - 6）。

图 5 - 6

因为 $i_1 = \dfrac{U_1}{R_1}$，所以

$$H = \frac{Ni_1}{L} = \frac{N}{LR_1}U_1 \tag{5-1}$$

式中，N、L、R_1 均为已知常数，所以可以根据 U_1 来确定 H。

在交变磁场下，样品的传感器强度瞬时值 B 是测量绕组 n 和 R_2C_2 电路给定的，根据法拉第电磁感应定律，由于样品中磁通 Φ 的变化，在测量线圈中产生电动势的大小为

$$\varepsilon_2 = n\frac{\mathrm{d}\Phi}{\mathrm{d}t}$$

$$\Phi = \frac{1}{n}\int \varepsilon_2\,\mathrm{d}t$$

$$B = \frac{\Phi}{S} = \frac{1}{nS}\int \varepsilon_2\,\mathrm{d}t \tag{5-2}$$

式中，S 为样品的截面积。

如果忽略自感电动势和电路损耗，则回路方程为

$$\varepsilon_2 = i_2R_2 + U_2$$

式中，i_2 为感生电流；C_2 为积分电容；U_2 为两端电压。

设在 Δt 时间内，i_2 向电容 C_2 的充电电量为 Q，则

$$U_2 = \frac{Q}{C_2}$$

所以

$$\varepsilon_2 = i_2R_2 + \frac{Q}{C_2}$$

如果选取足够大的 R_2 和 C_2，使 $i_2R_2 \gg \dfrac{Q}{C_2}$，则

$$\varepsilon_2 = i_2R_2$$

因为

$$i_2 = \frac{\mathrm{d}Q}{\mathrm{d}t} = C_2\frac{\mathrm{d}U_2}{\mathrm{d}t}$$

所以

$$\varepsilon_2 = C_2 R_2 \frac{\mathrm{d}U_2}{\mathrm{d}t} \tag{5-3}$$

由式(5-2)和式(5-3)可得

$$B = \frac{C_2 R_2}{nS} U_2 \tag{5-4}$$

式中，C_2、R_2、n 和 S 均为已知常数，所以可以由 U_2 来确定 B。

综合上述，将图 5-5 中的 $U_1(U_H)$ 和 $U_2(U_B)$ 分别加到示波器的 X 输入和 Y 输入便可观察样品的动态磁滞回线。接上数字电压表则可直接测出 $U_1(U_H)$ 和 $U_2(U_B)$ 的值，即可描绘出 B-H 曲线，通过计算可测定样品的饱和磁感应强度 B_S、剩磁 B_R、矫顽力 H_C、磁滞损耗 B_H 以及磁导率 μ 等参数。

【实验仪器】

示波器、磁滞回线测量仪

【实验内容】

1. 电路连接。选择样品 2，按实验仪器上所给的电路接线图接好线路。开启仪器电源开关，调节激励电压 $U=0$，U_H 和 U_B 分别接示波器的 X 输入端和 Y 输入端，插孔"⊥"为接地公共端。

2. 样品退磁。开启仪器电源开关，对样品进行退磁，顺时针方向转动电压 U 的调节旋钮，观察数字电压表可看到 U 从 0 逐渐增加至最大，然后逆时针方向转动电压 U 的调节旋钮，将 U 逐渐从最大值调为 0，这样做的目的是消除剩磁，确保样品处于磁中性状态，即 $B=H=0$，如图 5-7 所示。

3. 观察样品在 50 Hz 交流信号下的磁滞回线。开启示波器电源，断开时基扫描，调节示波器上"X""Y"位移旋钮，使光点位于坐标网格中心，调节励磁电压 U 和示波器的 X 轴和 Y 轴灵敏度，使显示环上出现大小合适、美观的磁滞回线图形。图形顶部出现编织状的小环，如图 5-8 所示，这时可降低 U 予以消除。

4. 观察基本磁化曲线，按照步骤 2 对样品 2 进行退磁，从 $U=0$ 开始，逐渐提高励磁电压，将在显示屏上得到面积由小到大一个套一个的一簇磁滞回线。这些磁滞回线顶点的连接线，就是样品的基本磁化曲线，借助长余辉示波器，便可观察到该曲线的轨迹。

5. 测绘基本磁化曲线，并据此描绘 μ-H 曲线。接通实验仪器的电源，对样品进行退磁后，依次测定 $U=0,0.2,0.4,0.6,3.0$ V 时若干组 H 和 B 值，分别作 B-H 曲线和 μ-H 曲线。

6. 令 $U=3.0$ V，观测动态磁滞回线。从标定好的示波器上读取 $U_X(U_H)$ 和 $U_Y(U_B)$ 值（峰值），并计算相应的 H 和 B，逐点描绘而成，再由磁滞回线测定样品 2 的 B_S、B_R 和 H_C 等参数。

7. 同理，观察样品 1 和样品 3 的磁化性能。

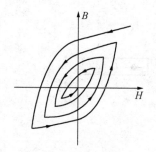

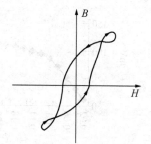

图 5-7 退磁示意图　　图 5-8 U_2 和 B 相位差等因素引起的畸变

【实验数据分析与处理】

1. 作 B-H 基本磁化曲线与 μ-H 曲线

选择不同的 U 值,分别记录 U_X、U_Y 并填入记录表 5-1。因为本实验仪的输出 $U_Y = U_B$,$U_X = U_H$,可先作出 U_Y-U_X 曲线如图 5-9 所示。

根据公式

$$B = \frac{C_2 R_2}{nS} U_2$$

其中,$U_2 = U_H$。

$$H = \frac{N i_1}{L} = \frac{N}{L R_1} U_1$$

其中,$U_1 = U_H$。

分别计算出 B 和 H,作出 B-H 基本磁化曲线与 μ-H 曲线。

表 5-1　样品 2

U/V $0\sim6$ V	X 轴格数乘以灵敏度	U_X/V	Y 轴格数乘以灵敏度	U_Y/mV	$H\times10^4$ /Am^{-1}	$B\times10^2$ T	$\mu=B/H$ (H/m)
0.0		0.000		0.000			
0.2		0.150		8.900			
0.4		0.026		17.40			
0.6		0.044		26.30			
0.8		0.054		34.10			
1.0		0.063		44.00			
1.2		0.073		53.00			
1.4		0.084		62.90			
1.6		0.100		73.40			
1.8		0.135		54.20			
2.0		0.226		98.80			
2.2		0.344		112.5			
2.4		0.462		119.4			
2.6		0.582		122.9			
2.8		0.708		125.5			

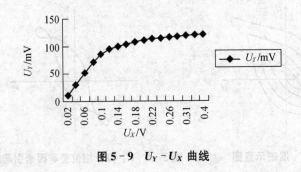

图 5 - 9　U_Y - U_X 曲线

2. 动态磁滞回线的描绘

在示波器荧光屏上调出美观的磁滞回线,测出磁滞回线不同点所对应的格数,然后将数据填入下表(数据仅作参考):

X(格)	-3.6	-3.4	-3	-2.8	-2.6	-2	-2.2	-1.8	-1.6	-1.4	-1.2
Y_1(格)	-2.1	-2.1	-2	-1.9	-1.8	-1.6	-1.38	-1	0	1	1.5
Y_2(格)	-2.1	-2.1	-2.1	-2.06	-2	-2	-1.95	-1.9	-1.9	-1.85	-1.8
X(格)	-1	0	1	1.6	1.8	1.8	2.2	2.4	2.6	3	3.4
Y_1(格)	1.7	1.85	1.95	2	2.01	2.01	2.04	2.06	2.1	2.1	2.1
Y_2(格)	-1.75	-1.64	-1.3	0	1.2	0.8	1.6	1.82	1.9	1.98	2.1

在坐标纸上绘出动态磁滞回线,如图 5 - 10 所示。

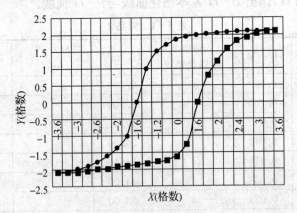

图 5 - 10　动态磁滞回线

从图 5 - 10 可知:

Y 最大值即 U_2(峰值),据此计算出磁性材料的饱和磁感应强度 B_S。

$X = 0$ 时,根据 Y 方向上的格数计算出对应的剩磁 B_R。

$Y = 0$ 时,根据 X 方向上的格数计算出 U_1(峰值),再计算出矫顽力 H_C。

1) B_S 的计算

由式(5 - 4)得

$$B_\mathrm{S} = \frac{C_2 R_2}{nS} U_2 = K U_2 = K \times Y \text{ 轴格数} \times \text{灵敏度} \times \frac{\sqrt{2}}{2}$$

2）B_R 的计算

当 $U_1 = 0$ 时，

$$B_\mathrm{R} = \frac{C_2 R_2}{nS} U_2 = K U_2 = K \times Y \text{ 轴格数} \times \text{灵敏度} \times \frac{\sqrt{2}}{2}$$

3）H_C 的计算

当 $U_1 = 0$ 时，由式（5-1）得

$$H_\mathrm{C} = \frac{N i_1}{L} = \frac{N}{L R_1} \times U_1 = K \times U_1 = K \times X \text{ 轴格数} \times \text{灵敏度} \times \frac{\sqrt{2}}{2}$$

【注意事项】

1. 实验前仪器需通电预热 3～5 min。
2. 连接插线时不可将电源短接，否则会导致电源烧毁。

【思考题】

作 B-H 基本磁化曲线与 μ-H 曲线时，选择不同的 U 值会出现怎样的结果？

6 霍尔效应实验

【实验目的】

1. 了解霍尔元件的性能,学习用"对称测量法"消除副效应的影响,测量霍尔片的 U_H - H_H 曲线。

2. 测量蹄形电磁铁或长直螺线管或亥姆霍兹线圈的磁场分布 B-X 曲线。

3. 测量蹄形电磁铁或长直螺线管或亥姆霍兹线圈的励磁特性 B-I_M 曲线。

1) 判断半导体元件的导电类型(N 型)

根据实验(图 6-1)中的磁场 B,通过霍尔元件 4(b)、3(a)的工作电流 I 的方向和所测的霍尔电压2(c)、1(d)的正负,就能确定霍尔元件的导电类型。

2) 测量电磁铁的感应强度

(1) 测量电磁铁气隙内一点的磁感应强度。

调节磁化电流 1.0 A,工作电流 10.0 mA,移动标尺(30.15)按顺序将 B、I 换向,用电位差测出相应的霍尔电压,计算出磁感应强度(B)。

(2) 测量磁感应强度在电磁铁气隙内的分布情况。

磁化电流和工作电流保持不变,移动标尺,使霍尔元件在不同的位置,测出相应的霍尔电压,即可了解其 B 的分布情况。

3) 研究工作电流与霍尔电压的关系,并测定霍尔系数、载流子浓度和霍尔灵敏度。

(1) 电磁铁的磁化电流为一定值,取 10 种不同的工作电流,测量相应的霍尔电压 V_a,绘出 I-V_H 的关系曲线。

(2) 横坐标取工作电流 I,纵坐标取霍尔电压 V_H,理论上得到一条通过坐标原点"0"的倾斜直线,其斜率为 R,根据已知的 B 和 d(0.2 mm),求得霍尔系数 R_H 或者求 I 与 V_H 两个变量的相应系数,回归系数和常数,得到的霍尔系数更准确。

(3) 根据 $n=\dfrac{IB}{V_H d_e}=\dfrac{1}{R_H e}$ 和已知载流子电量($e=-1.6\times10^{-19}$ 库仑)可求得载流子浓度 n。

(4) 霍尔元件垂直放入磁场中,由测量的工作电流和霍尔电压即可求得霍尔灵敏度 K_H。

4) 工作电流为交流供电,测量电磁铁的磁场。

根据实验,工作电流和霍尔电压为有效值,均用交流表测量并研究其关系,计算出磁感应强度。

5) 测量交变磁场。

磁化电流由交流供电,用交流表或晶体管万用表等进行测量,并计算相应的磁感应强度 B。

【实验仪器】

HB-Ⅱ型霍尔效应实验仪一套,连接线若干。

【实验原理】

1. 霍尔效应

将一块半导体或导体材料沿磁场 B,沿 X 方向通以工作电流 I_H,则在 Y 方向产生出电动势 U_M,如图 6-1 所示,这现象称为霍尔效应。

$$U_H = \frac{RI_HB}{d} \tag{6-1}$$

或

$$U_H = KI_HB \tag{6-2}$$

式中,R 为霍尔系数,表示该材料产生霍尔效应的本领大小;d 是该材料沿磁场方向的厚度;K 为霍尔元件的灵敏度,单位为 mV 或 mA·T。

实用的霍尔元件制成薄片,即 d 尽可能小(通常约 0.2 mm),以使灵敏度 K 尽可能大。对于成品霍尔元件,本实验中,K 是常数,因为 d 和 R 都是常数。

由于霍尔效应的建立时间极短,因此,霍尔元件也可以通入交流的工作电流(频率在 10^{10} Hz 以下),则产生交流的霍尔电压

$$U_H = KBI_H\sin\omega t \tag{6-3}$$

霍尔元件有 4 条引出线(图 6-1),由霍尔效应的机理可以知道,在图 6-1 中"1-2"端与"3-4"端的功能可以互

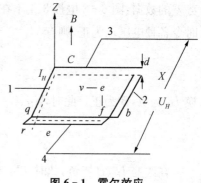

图 6-1 霍尔效应

换,即从"3-4"端输入 I_H,从"1-2"端测 U_H,同样具有霍尔效应,且 K 相同,因为 R,d 不变。

2. 霍尔元件副效应的影响及其消除

在产生霍尔电压 U_H 的同时,还伴生有 4 种副效应,副效应产生的电压叠加在霍尔电压上,造成系统误差,因此需要根据其机理予以消除。

(1)额迁格森效应。从微观的和统计的概念可知,在半导体中流动载流子(例如 N 型材料中的电子),其速度有大有小,并不相等。因此它们受到的洛仑兹力并不相等,速度大的电子受力大,更多的聚集到 e 面,快速电子动能大,致使 e 面的温度高于 c 面,由于温差电效应,ce 之间将产生电势差,记为 U_E,U_E 的方向决定于电流 I_H 和磁场 B 两者的方向,并可判知,U_E 的方向始终与 U_H 相同,因此不能用换向法把它与 R_R 分离开来。

(2)能斯脱效应。如图 6-1 所示,"1-2"端这对电极在 a、b 面上的接触电阻不可能制作

的完全相等,因此,当电流 I_H 流过不等的接触电阻时,将产生不等的热量,致使 a、b 面温度不相等,热端电子动能大,扩散能力强,动平衡的结果是电子从热端扩散到冷端,形成附加的热电子流,这附加的电流也受磁场偏转而在"3-4"端产生电势差,记为 U_N 可看出 U_H 的方向与 I_H 的方向无关,只随磁场方向改变而改变,这样就可采用"对称测量法"(改变 I_H 方向,各测一次"3-4"端的电热差,取其平均值,因此又称换向法)消去 H。

(3)里记-勒杜克效应。在能斯脱效应中热电子流也与 I_H 一样具有额延格森效应,附加电势差,记为 U_{RL},其方向与 I_H 方向无关,只与磁场 B 方向有关,即与 U_H 同方向,所以,可用同样的方法可消去 U_{RL}。

(4)不等势电压降为 U_a。电极 3 和 4 应该做在同等势面上,但制造时很难做到,如图 6-2 所示,因此,即使未加磁场,当 I_H 流过时,在"3-4"端也具有电势差记为 U_0,其方向只随 I_H 方向的改变而改变,而与磁场方向无关,这样也可以采用对称测量法(改变磁场方向),也就是换向法来消去 U_a。

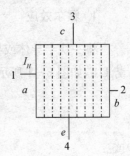

图 6-2　电极

为了消除副效应的影响,在操作时需要分别改变 I_H 的方向和 B 的方向,记下以下 4 组电势差的数据:图 6-2 电极 3、4 不在同一等势面上取 I_H、B 的均为正向,测得电热差记为 U_1,此时令各种电压均为正,则有

$$U_1 = U_H + U_E + U_N + U_{RL} + U_0 \tag{6-4}$$

换 I_H 为负,B 为正。此时,U_H、U_E 和 U_0 换向,而 U_N、U_{RL} 不换向,测得电势差记为 U_2,则

$$U_2 = -U_E - U_R + U_N + U_{RL} - U_0 \tag{6-5}$$

在改变 I_H、B 皆负,此时,U_H、U_N 换为正,U_0 仍为负,U_N、U_{RL} 换向为负,测得电势差记为 U_3,则

$$U_3 = U_H + U_E - U_N - U_{RL} - U_0 \tag{6-6}$$

在改 I_H 为正 B 为负,测得电势差记为 U_4,则

$$U_4 = U_H - U_B - U_N - U_{RL} + U_0 \tag{6-7}$$

然后,求其代数平均值,即可消去 U_N、U_{RL} 和 U_0

$$U_H + U_B = \frac{(U_1 - U_2 + U_3 - U_4)}{4} \tag{6-8}$$

由于 U_E 方向始终与 U_H 相同,所以换向法不能消除,一般 $U_E \ll U_H$,故可忽略不计,于是

$$U_H = \frac{(U_1 - U_2 + U_3 - U_4)}{4} \tag{6-9}$$

3. 用霍尔片测磁感应强度 B 的原理

由于霍尔片的尺寸很小,可近似当作是一个几何点。因此,人们获得了测量任何磁场中磁感应强度 B 在空间中逐点分布的工具,利用式(6-9)和式(6-2),在霍尔片灵敏度 K 已知(由实验室给出)的前提下,逐点测量 U_H(测 U_1、U_2、U_3、U_4)和 I_H 即可算出该处的 B 值。在本实验装置中,将霍尔片固定在标尺上,做成一个能伸入电磁铁气隙内测量磁场的探头,旋转定位螺旋,即可移动霍尔探头在电磁铁气隙内的位置,以测得各点的 U_H。

4. 测量电磁铁铁心导率 μ 的原理

电磁铁气隙内磁场公式为

$$B=\mu NLM/[(L/u)+L_0] \tag{6-10}$$

式中,μ 为真空中磁导率;N 为线圈匝数;L 和 L_0 分别为铁心平均周长和气隙高度。

【实验内容】

1. 用数字万用表测"3-6"端的电阻值 R_{36},测"2-4"端的电阻值 R_{24}。

2. 设计如下:

(1) 根据测得的 R_{36} 或 R_{24} 值,计算出 L_H 所需直流可调电流的电动势值(如电动势不可调,则设计出调节 I_H 从 0~12 mA 的电路);

(2) 测量电磁铁线圈的电阻值,计算出 I_M(最大值 1 A)所需直流可调电源电动势值;

(3) 提出以下实验所需的仪表(名称、规格、数量)。

3. 将霍尔片置于电流铁心处,从"3-6"端通入工作电流 I_H,从"2-4"端测量霍尔电压 U_H(励磁电流 I_M 任选,例如取 0.6 A),绘 U_H-I_H 曲线(I_H 可取 0、3、6、9、12 mA 等 5 个点)。

4. 霍尔片位置不变,I_M 不变,从"2-4"端通入 I_H,从"3-6"端测 U_H,绘 U_H-I_H 曲线,相比较,再测出霍尔片在这状态下的灵敏度 K,并与原灵敏度比较大小。

5. 将霍尔片置于电磁铁 Y 方向中心,测量 Y 方向磁场分布 B-Y 曲线(I_H 固定,I_M 也固定)。

6. 将霍尔片置于电磁铁 X 方向中心,测量 X 方向磁场分布 B-X 曲线。

7. 将霍尔片置于电磁铁中心,测量励磁特性 B-I_M 曲线(L_M 可取 0、0.3、0.6、0.9、1.2、0.9、0.6、0.3、0 A 等 9 个点,I_H 固定)。

8. 测量电磁铁心平均长度 L 和气隙高度 L_0,并已知 $\mu_o=4\pi\times10^{-7}$ H/m,$N=1\,800$ 匝和 BI_M 值,根据式(6-10)计算铁心的 μ 值。

9. 把 I_M 改用交流(I_M 仍用直流),则 U_H 随之变为交流,此时,改为交流表,重复第3~6项测量,提出为此测量所需的仪表(名称、规格、数量)。

10. 用特斯拉计测出 B,校正霍尔片的灵敏度 K。

【实验数据处理与分析】(仅作参考)

1. $I_M = 1.0\,\text{A}, I_H = 10.0\,\text{mA}$

表 6-1

水平游标读数	U_1 $+B, +I_H$	U_2 $+B, -I_H$	U_3 $+B, -I_H$	U_4 $-B, -I_H$	$U_H = (|U_1| + |U_2| + |U_3| + |U_4|)/4$ (mV)	B (A/m)

磁场在 X 方向(水平方向)的磁场分布 B-X 曲线。

2. $I_M = 1.0\,\text{A}, I_H = 10.0\,\text{mA}$

表 6-2

垂直游标读数	U_1 $+B, +I_H$	U_2 $+B, -I_H$	U_3 $+B, -I_H$	U_4 $-B, -I_H$	$U_H = (|U_1| + |U_2| + |U_3| + |U_4|)/4$ (mV)	B (A/m)

磁场在 X 方向(水平方向)的磁场分布 B-X 曲线。

【注意事项】

1. 霍尔片工作电流 I_H 的最大值为直流 15 mA;交流有效值为 1 mA,超过了此值将烧毁,I_H 大些,副效应的影响将小些,故直流 I_H 可工作在 10~12 mA。

2. 电磁铁励磁电流 I_M 的最大值为直流 1.2 mA,不能过热,可工作在 1 A 以下。

3. 本霍尔效应装置当从"3-6"端加入 I_H 时换向开关拨向上方向作为 I_H,U_1,I_M 的正向,当从"2-4"端通入 I_H 时,宜选换向开关拨向工作为正向。

【思考题】

1. $R_{36} = 284\ \Omega$,$R_{24} = 258\ \Omega$,故需 4.5 V、15 mA 以上的直流电源。

讨论:$R_{36} \neq R_{24}$,可能由于霍尔片不是正方形,因此它和电极 1,2 的接触电阻与电极 3,4 的接触电阻不等。

2. 电磁铁线圈的电阻 $R = 20.6\ \Omega$,故需 25 V,1 mA 以上的可调直流电源。

3. 霍尔特性 I_H-U_H 曲线。

(1)"3-6"端通入 I_H,"2-4"端测 U_H,$I_M = 1$ A。

(2)"2-4"端通入 I_H,"3-6"端测 U_H,$I_M = 1$ A。

(3)"3-6"端通入 I_H,"2-4"端测 U_H,$I_M = 0.5$ A。

(4)"2-4"端通入 I_H,"3-6"端测 U_H,$I_M = 0.6$ A。

讨论:

① 在误差范围内,两种工作方式的灵敏度 K 相等。

② 在(4)中,当 $I_H = 0$ 时,U_1 出现负值,可能是由于铁心的剩磁和各种副效应的缘故。

4. 电磁铁的磁场分布 B-曲线。

5. 电磁铁的励磁特性 B-I_M 曲线

讨论:

① B-I_M 方向前后两组(U_H 值相差很小,表明磁滞回线面积很小,剩磁 B_R 也很小)。

② B-I_M 曲线的线性很好,μ 是常数,表明铁心(即使 $I_M = 1.2$ A 时)尚远离磁化饱和点。

7 纵向磁聚焦测量电子的荷质比

【实验目的】

1. 了解示波管电子束在电场和磁场中的聚焦原理。
2. 观察聚焦现象,学会用磁聚焦法测量电子的荷质比。

【实验原理】

质量为 m,荷电为 e 的电子垂直于磁场方向以初速度为 V_x 射入磁感应强度为 B 的均匀磁场中,由于受到洛仑兹力的作用而做匀速圆周运动

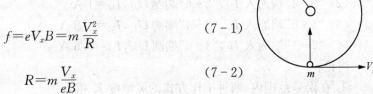

$$f=eV_xB=m\frac{V_x^2}{R} \qquad (7-1)$$

$$R=m\frac{V_x}{eB} \qquad (7-2)$$

图 7-1　实验原理图(一)

圆周运动周期

$$T=2\pi\frac{R}{V_x}=2\pi\frac{m}{eB} \qquad (7-3)$$

设示波电子枪射出的电子速度为 V_z,其能量为

$$\frac{1}{2}mV_z^2=eU_k \qquad (7-4)$$

如示波管置入由导线绕制的长螺线管形成的匀强磁场中,管中的电子束方向和磁感应强度 B 方向一致。此时由于作用于电子的洛仑兹力为零,电子沿 X 方向做匀速直线运动,因此,最后打到屏幕中心为零。

如果在 X 偏转板上加直流电压,电子穿 h 过两极间电场后获得了沿 X 方向的速度,因而电子受洛仑兹力的作用,(逆 Z 轴方向看)电子沿逆时针方向做圆周运动。半径及周期分别由式(7-2)和式(7-3)确定。

由于电子在做圆周运动的同时,还有沿 Z 轴方向的匀速直线运动,两运动合成的结果为做螺旋运动,其轨道螺距为

$$h=V_zT=2\pi m\frac{V_z}{eB} \qquad (7-5)$$

电子从螺旋轨道的起点开始,走完偏转板至荧光屏间的距离 L 时打在屏上,出现一个亮

点,显示出螺线的轨道的终端,出现一次聚焦,如图7-2所示。

一般情况下,电子速度 V 和磁感应强度 B 之间有一个角度,这时可将 V 分解为与 B 垂直的径向速度 V_i 和与 B 平行的轴向速度 V_{ii}。如果角度很小,可以将电子速度 V 看成 V_{ii},电子速度取决于加速电压 U_k,即

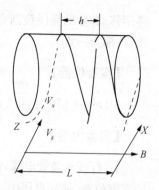

图7-2 实验原理图(二)

$$\frac{1}{2}mV_{ii}^2=eU_k \tag{7-6}$$

由此可见,从同一点出发的不同速度的电子,虽然径向速度各不相同,所走的螺线半径也不相同,但只要轴向速度相同,并选择合适的轴向速度(调节加速电压可改变轴向速度)及磁感应强度 B(调节励磁电流可改变 B),使电子在经过的路程 L 中恰好包含整数个螺距 h,将汇聚于一点。

$$L=h=2\pi m\frac{V_{ii}}{eB} \tag{7-7}$$

设螺线管内磁场均匀有

$$\frac{e}{m}=\frac{8\pi^2 U_k}{L^2 B^2} \tag{7-8}$$

式中,磁感应强度 $B=\mu_0 nI$;I 为螺线管励磁电流;n 为螺线管单位长度的匝数。

这种发自同一点速度方向和大小不同的所有散轴电子在磁场作用下,经过各自的螺旋轨道汇聚于一点的现象称为磁聚焦。

本实验螺线管长度 $L_1=22.0$ cm,螺线管平均直径 $D=9.25$ cm,不能满足螺线管长度远大于螺线管平均直径,所以需引入一个修正系数 K

$$K=\sqrt{\frac{L_1^2}{L_1^2+D^2}} \tag{7-9}$$

$$B=\sqrt{\frac{L_1^2}{L_1^2+D^2}}\mu_0 nI \tag{7-10}$$

$$\mu_0=4\pi\times10^{-7}\,\mathrm{Hm^{-1}}(\mathrm{NA^{-1}}) \tag{7-11}$$

于是,有

$$\frac{e}{m}=8\pi^2\frac{L_1^2+D^2}{L_1^2\mu_0^2 n^2 L^2}\cdot\frac{V_k}{I^2} \tag{7-12}$$

本实验采用的螺线管采用 $\Phi 0.97$ mm 漆包线绕制,共 7 层。因此,式(7-12)中 $n=7\,000/m$,示波管栅极至荧光屏的距离 $L=0.17$ m。

如在水平偏转板上加上交流电压,先后经过交流电场的电子,获得不同的横向速度(连续地由 $0\sim\pm V_x$)。这些速度不同的电子轨道螺距,其起点相同,但终点却不同,于是荧光屏出现一条与 X 轴有一定夹角的直线。

增大 B,不同速度的电子螺距和螺径同时缩小,螺径变小,亮线缩短。螺距缩短,则螺线向

终端移动,导致亮线绕圆点旋转。连续增大 B,明线旋转边缩短,直至缩为一点。之后又稍伸长,再缩为一点。

【实验仪器】

MDS - 4 型电子束实验仪一台;信号连接线若干。

【实验内容】

1. 打开示波管电源,调整相应电位器 W_X、W_Y 使其电压指示均为零伏,再分别调整 X、Y 调零电位器,使光点居中。调整聚焦电压,使光点聚焦,打开磁场电源开关,观察纵向磁场对电子束的作用,改变励磁电流(调整粗调、细调电位器)。观察屏幕上光点随励磁电流改变而出现的聚焦、散焦等现象,且多次出现(注意:有时在改变励磁电流过程中,屏幕上的光点散焦、聚焦现象消失,这时只要调节 X、Y 电位器,使光点出现即可)。

2. 调节加速电压 U_k,此时示波管上出现一条亮直线,观察当励磁电流改变时,屏幕上的直线逆时针旋转、缩小并由不清晰到清晰(聚焦)且重复出现的现象(如发现在改变励磁电流时,突然看不到亮直线,同样可适当调整 X、Y 电位器,使亮线出现即可)。

3. 为了减小测量误差,可进行 3 次聚焦。用细调电位器精确测量并记录每次聚焦时励磁电流值,分别用 I_1、I_2、I_3 表示,其平均电流 $\bar{I} = \dfrac{I_1 + I_2 + I_3}{1 + 2 + 3}$。加速电压值,改变加速电压(每次改变 100 V),用同样方法作 3 次。

4. 给出电子荷质比的平均值,并和标准值比较。

【实验数据处理与分析】

1. 置加速电压 $U_k =$ V。

表 7 - 1

y					
V_y					
S_y					

2. 置加速电压 $U_k =$ V。

表 7 - 2

x					
v_x					
S_x					

【思考题】

用磁聚焦法测量电子的荷质比出现误差的原因有哪些?

8 硅光电池基本特性测定

随着世界经济的高速发展,能源的需求日益增大,一次性能源面临枯竭的危险。因此,开发利用新的能源就成了当务之急。太阳能(硅光)电池特性研究和太阳能电池的利用是21世纪新兴能源开发的重大课题之一,且已取得重要进展。目前硅太阳能电池应用领域除人造卫星和宇宙飞船外,还应用于许多民用领域,如太阳能汽车、太阳能快艇、太阳能计算机、太阳能电站、太阳能收音机等。太阳能是一种清洁绿色能源。因此,世界各国十分重视对太阳能的研究、开发和利用。

本实验的主要目的是研究、测量太阳能电池的基本特性;硅光电池能吸收光的能量;并将所吸收的光量子转换为电能。本实验将测量硅光电池下述特性。

1. 伏安特性

在没有光照时,硅光电池作为一个两极器件,测量在正向偏压时该两极器件的伏安特性曲线,并求出其正向偏压时,电压与电流关系的经验公式。

2. 输出特性

测量硅光电池在光照时的输出特性并求它的短路电流 I_{sc}、开路电压 U_{OC}、最大输出功率 P_m 及填充因子 $FF(FF = P_m/(I_{sc} \cdot U_{OC}))$。

3. 光照效应

(1) 测量短路电流 I_{sc} 和相对光强度 $\frac{J}{J_0}$ 之间的关系,画出 I_{sc} 与相对光强 $\frac{J}{J_0}$ 之间的关系图。

(2) 测量开路电压 U_{OC} 和相对光强度 $\frac{J}{J_0}$ 之间的关系,画出 U_{OC} 与相对光强 $\frac{J}{J_0}$ 之间的关系图。

【实验目的】

了解硅光电池的伏安特性、输出特性和光照效应。

【实验原理】

硅光电池在没有光照时其特性可视为一个半导体 PN 结二极管,在没有光照时其向偏压 U 与通过电流 I 的关系为

$$I = I_0(e^{\beta U} - I) \tag{8-1}$$

式中,I_0 和 β 为常数。

根据半导体理论可知,二极管主要是由能隙为 $(E-E_v)$ 的半导体构成,如图 8-1 所示。其中,E_c 为导带,E_v 为价带。当入射光子能量大于能隙 (E_c-E_v) 时,光子会被半导体吸收,产生电子孔穴对。电子和孔穴对分别受到二极管内电场的影响而产生电流。

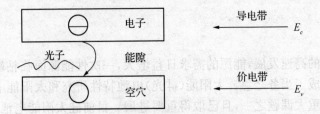

图 8-1 二极管基本原理图

假设硅光电池的理论模型是由一理想的电流源(光照产生电流的电流源)、一理想的二极管、一个并联电阻 R_{sh} 与一个串联电阻 R_s 所组成,如图 8-2 所示。

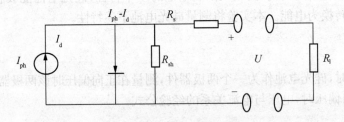

图 8-2 硅光电池电路图

图 8-2 中,I_{ph} 电池在光照时该等效电源输出电流,I_d 照时,通过硅光电池内部二极管的电流,由基尔霍夫定律得

$$IR_s+U-(I_{ph}-I_d-I)R_{sh}=0 \tag{8-2}$$

式中,I 为硅光电池的输出电流;U 为输出电压。

假定 $R_{sh}=\infty$ 和 $R_s=0$,硅光电池可简化为图 8-3 所示电路。

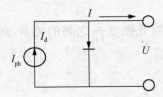

图 8-3 硅光电池简化电路图

这里,
$$I=I_{ph}-I_d=I_{ph}-I_0(e^{\beta U}-1) \tag{8-3}$$

短路时,
$$U=0, I_{ph}=I_{sc}$$

在开路时,
$$I=0, I_{sc}-I_0(e^{\beta U_{OC}}-1)=0$$

所以
$$U_{OC}=\frac{1}{\beta}\ln\left(\frac{I_{sc}}{I_0}+1\right) \tag{8-4}$$

式(8-4)中,即 $R_{sh}=\infty$ 和 $R_s=0$ 的情况下,硅光电池的开路电压 U_{OC} 和短路电流 I_{sc} 的关系式。其中 U_{OC} 为开路电压,I_{sc} 为短路电压,而 I_0 和 β 是常数。

【实验仪器】

(1) MD-GD-2 型硅光电池特性测试仪,1 台
(2) 待测硅光电池,1 块
(3) 光功率计,1 台

实验装置简图如图 8-4 所示。

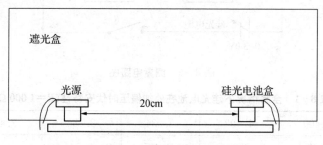

图 8-4 实验装置简图

【实验内容】

1. 在没有光照(全黑)的条件下,测量硅光电池正向偏压时的 $I-U$ 特性(直流偏压从 0~3.0 V)。

(1) 画出测量线路图。
(2) 利用测得的正向偏压时 $I-U$ 关系,画出 $I-U$ 曲线并求得常数 β 和 I_0 的值。

2. 在不加偏压时,用白色光源照射,测量硅光电池的一些输出特性。注意:此时光源到硅光电池距离保持为 20 cm。

(1) 画出测量电路。
(2) 测量硅光电池在不同负载电阻,I 对 U 变化关系,画出 $I-U$ 曲线图。
(3) 求短路电流 I_{sc} 和开路电压 U_{OC}。
(4) 求硅光电池的最大输出功率及最大输出功率时负载电阻大小。
(5) 计算填充因子

$$FF=P_m/(I_{sc} \cdot U_{OC})$$

3. 测量硅光电池的光照效应与光电性质。

在暗盒内,取距离白光源 20 cm 水平距离的光强作标准光照强度,用功率计测量该处的光照强度 J_0。改变硅光电池到光源的距离 X,用光功率测量 X 处的光照强度 J,求光强 J 与位置 X 关系。测量硅光电池接收到相对光强度 J/J_0 不同值时,相应 I_{sc} 和 U_{OC} 的值。

(1) 描绘 I_{sc} 和相对强度 J/J_0 之间的关系曲线,求 I_{sc} 和相对光强 J/J_0 之间近似关系函数。

(2) 描绘出 U_{OC} 和相对强度 J/J_0 之间的关系曲线,求 U_{OC} 和相对光强度 J/J_0 之间近似函数。

【实验数据分析与处理】(仅供参考)

1. 在全暗的情况下,测量硅光电池正向偏压下,流过硅光电池的电流 I 和硅光电池的输出电压 U,测量电路如图 8-5 所示。正向偏压在 $0\sim3.0$ V 条件下,测量结果如表 8-1 所示。

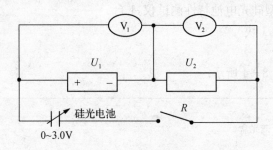

图 8-5　测量电路图

表 8-1　全暗情况下硅光电池在外加偏压时伏安特性($R=1\,000\ \Omega$)

U_1/V	0.400	1.498	2.034	2.286	2.410	2.488
U_2/mV	0.01	0.39	1.40	2.53	3.46	4.16
I/μA	0.01	0.39	1.40	2.53	3.46	4.16
U_1/V	2.601	2.654	2.727	2.787	2.853	2.928
U_2/mV	5.46	6.21	7.49	8.79	10.41	12.76
I/μA	5.46	6.21	7.49	8.79	10.41	12.76

置 $R=1\,000\ \Omega$:

由 $\dfrac{I}{I_0}=e^{\beta\mu}-1$,当 U 较大时,$e^{\beta\mu}\gg1$,即 $\ln I=\beta U+\ln I_0$ 由最小二乘法,将表 8-1 最后 6 点数据处理得:$\beta=2.6$ V^{-1},$I_0=6.28\times10^{-6}$ mA,相关系数 $r=0.999\,8$。

2. 在不加偏压时,在使用遮光盒的条件下,保持白光源到硅光电池距离 20 cm,测量硅光电池的输出 I 对硅光电池的输出电压 U 的关系,如图 8-6 所示,由图 8-6 可得短路电流 $I_{sc}=0.65$ mA,开路电压 $U_{OC}=3.7$ V,硅光电池在光照时,输出功率 $P=I\times U$ 与负载电阻 R 的关系,如图 8-7 所示。

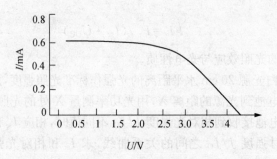

图 8-6　I-U 关系图

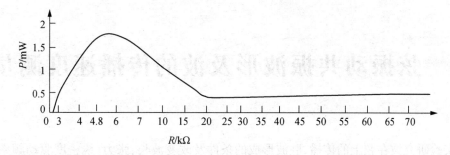

图 8-7 P-R 关系图

由图 8-7 可得到最大输出功率 P_m＝1.604 mW，此时负载电阻 R＝4 800 Ω，填充因子 FF

$$=\frac{P_m}{I_{SC} \cdot U_{OC}}=\frac{1.604}{0.65 \times 3.7}=0.667。$$

3. 测量硅光电池的短路电流 I_{SC}、开路电压 U_{OC} 分别与相对光强 J/J_O 的关系，测量结果如图 8-8 和图 8-9 所示。

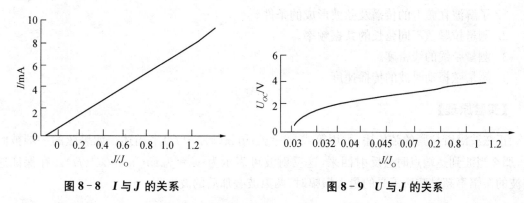

图 8-8 I 与 J 的关系　　　　　　**图 8-9 U 与 J 的关系**

从图 8-8 和图 8-9 中找出硅光电池的短路电流 I_{SC}、开路电压 U_{OC} 与相对光强 J/J_O 的近似函数关系为

$$J_{SC}=A(J/J_O) \tag{8-5}$$

$$U_{OC}=\beta\ln(J/J_O)+C \tag{8-6}$$

利用最小二乘法拟合得 $I_{SC}=6.814\dfrac{J}{J_O}-0.090\,5$，相关系数 $r=0.999\,6$，$U_{OC}=0.505\,7\ln\left(\dfrac{J}{J_O}\right)+4.413$，相关系数 $r=0.992$，从最小二乘法拟合中，可知相对短路电流 I_{SC} 和开路电压 U_{OC} 关系式(8-5)和式(8-6)时成立。

【思考题】

硅光电池的伏安特性、输出特性和光照效应之间有无内在联系？

9 弦振动共振波形及波的传播速度测量

本实验研究波在弦上的传播、驻波形成的条件及改变波长、张力、线密度驱动频率等状况下对波形的影响，并可进行共振波形和波速的测量。

MN-S 型弦振动实验仪是在传统的弦振动实验仪、弦音计的基础上改进而成的，能做标准的定性的弦振动实验，即能通过弦线的松紧、长短、粗细去观察相应的弦振动的改变及音调的改变；还能配合示波器进行定量的实验，来测量弦线上横波的传播速度和弦线的线密度等。

【实验目的】

1. 了解波在弦上的传播及弦波形成的条件。
2. 测量拉紧弦不同弦长的共振频率。
3. 测量弦线的线密度。
4. 测量弦振动时波的传播速度。

【实验原理】

正弦波沿着拉紧的弦传播，可用等式 $y_1 = y_m \sin 2\pi(x/\lambda - ft)$ 来描述。如果弦的一端被固定，那么当波到达端点时会反射回来，这反射波可表示为 $y_2 = y_m \sin 2\pi(x/\lambda + ft)$。在保证这些波的振幅不超过弦所承受的最大振幅时，两束波叠加后的波方程

$$y = y_1 + y_2 = y_m \sin 2\pi(x/\lambda - ft) + y_m \sin 2\pi(x/\lambda + ft) \tag{9-1}$$

利用三角函数公式可求得

$$y = 2y_m \sin(2\pi x/\lambda)\cos(2\pi ft) \tag{9-2}$$

上述等式的特点：当时间固定为 t_0 时，弦的形状是振幅为 $2y_m \cos(2\pi ft_0)$ 的正弦波形。在位置固定为 x_0 时，弦做简谐运动，振幅为 $2y_m \sin(2\pi x_0/\lambda)$。因此，当 $x_0 = 1/4, 3, 1/4, 5, 1/4, \cdots$，振幅达到最大；当 $x_0 = 1/2, 1, 3/4, \cdots$，振幅为零，这种波形叫驻波。

以上分析是假定驻波是由原波和反射波叠加而成的，实际上弦的两端都是被固定的，在驱动线圈的激励下，弦线受到一个交变磁场力的作用，会产生振动，形成横波。当波传到一端时会产生反射。一般来说不是所有增加的反射都是同相的，而且振幅还很小。当均匀弦线的两个固定端之间的距离等于弦线中横波的半波长的整数倍时，反射波就会同相，产生振幅很大的驻波，弦线会产生稳定的振动。当弦线的振动为一个波腹时，该驻波为基波。基波对应的驻波频率为基频，也称共振频率。当弦线的振动为两个波腹时，该驻波为两次谐波，对应的驻波频率为基频的 2 倍。一般情况下，基波的振动幅度比谐波的振动幅度大。

另外，从弦线上观察到的频率（即从示波器上观察到的波形）一般是驱动频率的 2 倍，这是

因为驱动的磁场力在一个周期内两次作用于弦线的缘故。当然，通过仔细地调节，弦线的驻波频率等于驱动频率或者其他倍数也是有可能的，这时的振幅会小一些。

下面就共振频率与弦长、张力、弦密度之间的关系进行分析。

只有当弦线的两个固定端的距离等于弦线中横波对应的半波长的整数倍时，才能形成驻波，即有

$$L = n \cdot \frac{\lambda}{2} \quad \text{或} \quad \lambda = \frac{2L}{n} \quad (9-3)$$

式中，L 为弦长；λ 为驻波波长；n 为波腹数。

另外，根据波动理论，假设柔性很好，波在弦上传播速度(v)取决于两个变量：线密度 μ 和拉紧度 T

$$v = \sqrt{\frac{T}{\mu}} \quad (9-4)$$

式中，μ 为弦线的线密度，即为单位长度的弦线的质量，单位：kg/m；T 为弦线的张力，单位：N 或 kg·m/s²。

再根据公式 $v = f\lambda$ 可得

$$v = f\lambda = \sqrt{\frac{T}{\mu}} \quad (9-5)$$

如果 μ 值已知时，即可求得频率

$$f = \sqrt{\frac{nT}{\mu}} \cdot \frac{1}{2L} \quad (9-6)$$

如果 f 已知，则可求得线密度

$$\mu = \frac{nT}{(2Lf)^2} \quad (9-7)$$

【实验仪器】

实验仪器是弦振动实验仪和弦振动信号源各一台，另需配置双踪示波器一台。

实验仪器装置图描述见图 9-1。

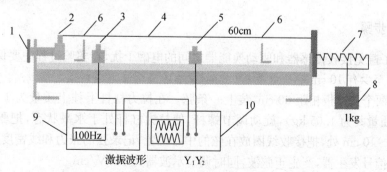

图 9-1 实验仪器装置图

1-调节螺杆；2-圆柱螺母；3-驱动传感器；4-弦；5-接收传感器
6-支撑板；7-拉力杆；8-悬挂物块；9-信号源；10-示波器

【实验内容】

一、实验前准备

1. 选择一条弦,将弦的带有铜圈的一端固定在拉力杆的 U 形槽中,把另一端固定到调整螺杆上圆柱形螺母上端的小螺钉上。

2. 把两块支撑板放在弦下相距为 L 的两点上(它们决定弦的长度)。

3. 挂上物块(0.55 kg 或 1.05 kg 可选)到实验所需的拉紧度的拉力杆上,然后旋动调节螺杆,使拉力杆水平(这样才能从挂的物块质量精确地确定弦紧度),见图 9-2。如果挂重物 "M"在拉力杆的钩槽 1 处,弦的拉紧度等于 $1mg$,g 为重力加速度(9.8 m/s^2);如果挂在如图 9-2 挂钩槽 2 处,弦紧度为 $2mg$,…。

注意:由于物块挂的位置不同,弦线的伸长也不同,故需重新调节拉力杆的水平。

4. 按图 9-2 接好导线。

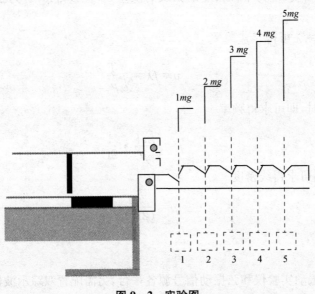

图 9-2　实验图

二、实验步骤

提示:为了避免接收传感器和驱动换能器之间的电磁干扰,在实验过程中要保证两种元件之间的距离至少有 10 cm。

(1) 放置两个支撑板相距 60 cm,装上一条弦。在拉力杠杆上挂上质量为 1 kg 的黄铜块(加上挂钩的质量共为 1.05 kg),旋动调节螺杆,使拉力杠杆处于水平状态,把驱动线圈放在离支撑板为 5～10 cm 处,把接收线圈放在弦的中心位置,记录弦的张力和线密度。

(2) 调节信号发生器,产生正弦波,同时调节示波器为 5 mV/cm。

(3) 慢慢升高信号发生器频率,观察示波器接收到的波形振幅的改变。注意:调节过程不能太快。因为弦线形成驻波需要一定能量积累时间,太快则来不及形成驻波。如果不能观察到波形,则调节信号源的输出幅度。如果弦线的振幅太大,造成弦线敲击传感器,则应减小信号源输出幅度。一般信号源输出为 2～3 V(峰-峰值)时,即可观察到明显的驻波波形,同时观察弦线,应当有明显的振幅。当弦振动最大时,示波器接收到的波形振幅最大,弦线达到共振,这时驻波频率就是共振频率。记下示波器上波形的周期,即可得到共振频率。

注意:一般弦的振动频率不等于信号源的驱动频率,而是整数倍的关系。

(4) 记录下弦线的波腹波节的位置,如果弦线只要有一个波腹,这时的共振频率为基频,且波节就是弦线的两个固定端(两个支撑板处)。

(5) 再增加输出频率,连续找出几个共振频率(3～5 个),当驻波的频率较高,弦线上形成几个波腹、波节时,弦线的振幅会较小,肉眼可能不易观察到。这时先把接收线圈移向右边支撑板,再逐步向左移动,同时观察示波器,找出并记下波腹和波节的个数及每个波腹和波节的位置。一般情况下,这些波节应该是均匀分布的。

(6) 根据所得数据,计算出共振波的长(两个相邻波节的距离等于半波长)。

(7) 移动支撑板,改变弦的长度。根据以上实验重复 5 次,记录下不同的弦长和共振频率。注意:两个支撑板的距离不要太小,并且当弦长较小、张力较大时,需要较大的驱动信号幅度。

(8) 放置两个支撑板相距 60 cm 或自定,并保持不变。通过弦的张力(也称拉紧度),弦的张力由重物所挂的位置决定(图 9-2,这些位置的张力成 1、2、3、4、5 的倍数关系)。测量并记录下不同拉紧度下的驻波的共振频率(基频)和张力。观察共振波的波形(幅度和频率)是否与弦的张力有关?

(9) 使弦处于第三档位拉紧度,及物块挂于 3 mg 处,放置两个支撑板相距 60 cm(上述条件也可自选一合适的范围)。保持上述条件不变,换不同的弦,改变弦的线密度(共有三根线密度不同的弦线),根据步骤(3)、(4)测量一组数据。观察共振频率是否与弦的线密度有关,共振的波形是否与弦的线密度有关?

【实验数据分析处理】

1. 不同弦长拉紧弦的共振波频率

弦的线密度 μ_0 _____ 物块悬挂位置_____ 张力_____(kg·m/s²)

弦长/cm	共振频率/Hz	波腹位置/cm	波节位置/cm	波腹数	波长/cm

弦长/cm	共振频率/Hz	波腹位置/cm	波节位置/cm	波腹数	波长/cm

作弦长与共振频率的关系图。

2. 不同张力时的共振频率

这里的共振频率应为基频,如果设计为倍频,则会得出错误的结果。

弦长(cm)	悬挂位置	张力(kg·m/s²)	共振基频(Hz)

作张力与共振频率的关系图。

3. 弦线的线密度

计算出 f 后,则可求得线密度

$$\mu = \frac{nT}{(2Lf)^2}$$

其中,L 为弦长;f 为驻波共振频率;n 为波腹数;T 为张力。

4. 波的传播速度

根据 $V = \sqrt{\dfrac{T}{U}}$ 计算出波速,并将这一波速与 $V = f\lambda$(f 是共振频率;λ 是波长)作比较。

作张力与波速的关系图。

【注意事项】

(1) 弦上观察到的频率不可能等于驱动频率,一般是驱动频率的 2 倍,因为驱动器的电磁面在 1 周内 2 次作用于弦。在理论上,使弦的静止波等于驱动频率的整数倍都是可能的。

(2) 如果驱动与接收传感器靠得太近,将会产生干扰,通过观察示波器中的接收波形可以检验干扰的存在。当它们靠太近时,波形会改变。为了得到较好的测量结果,两个传感器的距离至少应大于 10 cm。

（3）在最初的波形中，偶然会看到高低频率的波形叠加在一起，这种复合静止波的形成是有可能的。例如，弦振动可以是驱动频率，也可以是它的 2 倍，因而形成两个波节。

（4）悬挂重物的取放动作应轻巧，以免使弦线崩断。

【思考题】

1. 通过实验，说明弦线的共振频率和波速与哪些条件有关？

2. 试将由公式求得的 μ 与静态线密度 μ_0 比较，并分析有何差异及原因？

3. 试用一种方法求出波束 V 与张力 T 的函数关系。

4. 如果弦线有弯曲或者不是均匀的，对共振频率和驻波有何影响？

10 非线性电阻的伏安特性测量

【实验目的】

1. 学习常用电磁学仪器仪表的正确使用及简单电路的连接；
2. 掌握用伏安法测量电阻的基本方法及其误差的分析；
3. 测定线性电阻和非线性电阻的伏安特性。

【实验仪器】

电阻元件伏安特性实验仪，实验仪集成了 0～20 V 可调直流稳压电源。直流数字电压表，量程为 2～20 V，内阻为 1 MΩ；直流数字毫安表，量程为 200 μA～2 mA；2～20 mA；20～200 mA，可调，其对应内阻为 1 kΩ、100 Ω、10 Ω；1 Ω，0～999 Ω 可调变阻器；待测 240 Ω(2 W) 金属膜电阻；待测稳压管(5.6 V)；待测小灯泡(12 V/0.1 A)；限流电阻 200 Ω/2 W 等。

【实验原理】

电阻是导体材料的重要物理特性，在电学实验中经常对电阻进行测量。测量电阻的方法有多种，伏安法是常用的基本方法之一。所谓伏安法就是运用欧姆定律，测出电阻两端的电压和其上通过的电流，根据公式

$$R = \frac{U}{I}$$

即可求得电阻值 R。也可运用作图法来计算 R。作出伏安特性曲线，从曲线上求得电阻的阻值。对有些电阻其伏安特性曲线称为线性电阻，如常用的碳膜电阻、绕线电阻、金属膜电阻等。另外，有些元件伏安特性曲线称为非线性电阻元件，如灯泡、晶体二极管、稳压管、热敏电阻等。非线性电阻元件的阻值是不确定的，只有用作图法才能反映其特性。

用伏安法测电阻原理简单、测量方便，但由于电表内阻接入的影响，给测量带来一定的系统误差。在电流表内接法(图 10-1)中，由于电压表测出的电压值 U 包括了电流表两端的电压，因此，测量值要大于被测电阻的实际值。由

$$R = \frac{U}{I_x} = \frac{U_x + U_{mA}}{I_x} = R_x + R_{mA} = R_x \left(1 + \frac{R_{mA}}{R_x}\right)$$

可见，由于电流表内阻不可忽略，故产生一定误差。

在电流表外接法(图 10-2)中，由于电流表测出的电流 I 包括流过电压表的电流。因此，测量值小于实际值。由

$$R = \frac{U_x}{I} = \frac{U_x}{I_x + I_U} = \frac{1}{\dfrac{1}{R_x} + \dfrac{1}{R_U}} = \frac{R_x}{1 + \dfrac{R_x}{R_U}}$$

可见,由于电压表内阻不是无穷大,故给测量带来一定的误差。

上述两种连接电路的方法都给测量带来一定的系统误差,即测量误差。因此,必须对测量结果进行修正,其修正值

$$\Delta R_x = R_x - R$$

式中,R 为测量值;R_x 为实际值。

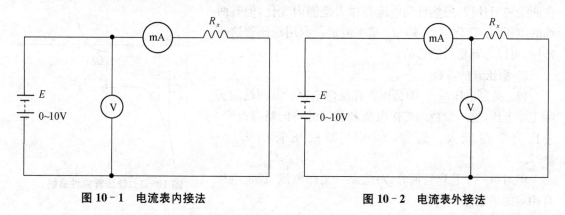

图 10-1　电流表内接法　　　　　　　　图 10-2　电流表外接法

为了减小上述误差,必须根据待测阻值的大小和电表内阻的不同,正确选择测量电路。

当 $R_x \gg R_{mA}$ 且 $R_x > R_U$ 时,选择电流表内接法;

当 $R_x \ll R_U$ 且 $R_x > R_{mA}$ 时,选择电流表外接法;

当 $R_x \gg R_{mA}$,$R_x \ll R_U$ 时,两种接法均可。

经过以上处理,可以减小和消除由于电表接入带来的系统误差,但电表本身的仪器误差仍然存在,它决定于电表的精确度等级和量程,其相对误差为

$$\frac{\Delta R_x}{R_x} = \frac{\Delta U}{U_x} + \frac{\Delta I}{I_x}$$

式中,ΔI 和 ΔU 分别为电流表和电压表允许的最大示值误差。

【实验内容】

1. 测定金属膜电阻的伏安特性

(1) 根据图 10-1 连接好的电路,金属膜电阻 $R_x = 240\ \Omega$,每改变一次电压 U,读出相应的 I 值,并填入表 10-1 中,作伏安特性曲线,再从曲线上求得电阻值。

(2) 根据图 10-2 连接好电路,仍用测量步骤(1)中 R_x,每改变一次电流值读出相应的电压来。同样作出伏安特性曲线,并从曲线上求得电阻值。

(3) 根据电表内阻的大小,分析上述两种测量方法中哪种电路的系统误差小。

2. 测量稳压管的伏安特性

1）稳压管的稳压特性

稳压管实质上是一个面结型硅二极管，它具有陡峭的反向击穿特性，工作在反向击穿状态。在制造稳压管的工艺上，使其具有低击穿特性。稳压管电路中串入限流电阻，使稳压管击穿后电流不超过允许的数值，因此，击穿状态可以长期持续，并能很好地重复工作而不致损坏。

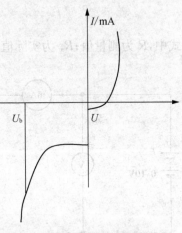

稳压管的特性曲线如图 10-3 所示，它的正向特性和一般硅二极管一样，但反向击穿特性较陡。由图 10-3 可见，当反向电压增加到击穿电压以后，稳压管进入击穿状态在曲线的 AB 段，虽然反向电流在很大范围内变化，但其两端的电压 U_x 变化很小，即 U_x 基本恒定。利用稳压管这一特性，可以达到稳压的目的。

2）稳压管的参数

（1）稳定电压 U_x。即稳压管在反向击穿后其两端的实际工作电压，这一参数随工作电流和温度的不同略有改变，并且分散性较大。例如，2CW14 型稳压管的 $U_x \approx$ 6～7.5 V。

图 10-3 稳压管特性曲线

但对每一个稳压管而言，对应某一工作电流，稳定电压有相应的确定值。

（2）稳定电流 I_x。稳压管的电压等于稳定电压时的工作电流。

（3）动态电阻 r_x。它是稳压管电压变化和相应的电流变化之比，即 $r_x = \Delta U_x / \Delta I_x$。显然，$U_x$ 越小，稳压效果越好，动态电阻的数值随工作电流的增加而减小。但当工作电流 $I_S > 5 \sim 10$ mA，r_x 减小的不显著，而当 $I_x < 1$ mA 时，r_x 明显增加，阻值较大。

（4）最大稳定电流 I_{xmax} 和最小稳定电流 I_{xmin}。I_{xmax} 是稳压管最大工作电流，超过此值，即超过了稳压管的允许耗散功率；I_{xmin} 是指稳压管的最小工作电流，低于此值，U_x 不稳定，常取 $I_{xmax} = 1 \sim 2$ mA。

3）稳压管伏安特性测定实验电路

实验电路如图 10-4 所示。其中，E 为 0～20 V 可调电源；R 为限流电阻器。

4）测定稳压管的正向特性

（1）按图 10-4 连接电路，R 阻值调到最大，可调稳压电压的输出为零。

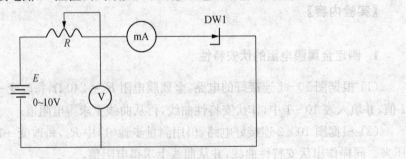

图 10-4 稳压管的正向特性测量图

（2）增大输出电压，使电压表的读数逐渐增大，观察加在稳压管上电压随电流变化的现象，通过观察确定测量范围，即电压与电流的调节范围。

（3）测定稳压管的正向特性曲线，不等间隔的取点，即电压的测量值不等间隔地取，而是在电流变化缓慢区间，电压间隔取的疏一些，在电流变化迅速区间，电压间隔取得密一些。如测试的 2CW14 型稳压管，电压在 0～0.7 V 区间取 3～5 个点即可。

5）测定稳压管的反向特性

（1）将稳压管反接。

（2）定性观察被测稳压管的反向特性，通过观察确定测试反向特性时电压的调节范围（即该型号稳压管的最大工作电流 I_{xmax} 所对应的电压值）。

（3）测试反向特性，同样在电流变化迅速区域，电压间隔应取得密一些。

3. 测量小灯泡的伏安特性

给一只 12 V/0.1 A 小灯泡。已知 $U_H = 12$ V，$I_H = 100$ mA，起始电流为 20 mA，毫安表内阻为 1 Ω，电压表内阻为 100 kΩ。要求：

（1）自行设计测试伏安特性的线路。

（2）测试小灯泡的伏安特性曲线。

（3）判定小灯泡是线性元件还是非线性元件。

【实验数据处理与分析】（仅供参考）

表 10 - 1

电压/V									
电流/mA									
电压/V									
电流/mA									

【注意事项】

1. 使用电源时要防止短路，接通和断开短路前应使输出为零，然后再慢慢微调。

2. 测定金属膜电阻的伏安特性时，所加电压不得使电阻超过额定输出功率。

3. 测定稳压管伏安特性曲线时，不应超过其最大稳定电流 I_{xmax}。

【思考题】

试总结各非线性元件的伏安特性。

11　电子束电偏转

【实验目的】

1. 了解示波管的基本结构和电聚焦原理。
2. 测量示波管的电偏转的灵敏度。

【实验原理】

如图 11-1 所示,设两板间的距离为 d,电势差为 U_y,这样两板可视为平行板电容器。板间的电场强度 $E=\dfrac{U_y}{d}$,电子受到电场力 $f=eE$ 的作用,加速度 $a=\dfrac{f}{m}=e\dfrac{U_y}{md}$。电子在 z 方向没有加速度,所以从板左端运动到右端的时间为 $t_b=\dfrac{b}{v_z}$,到达屏幕的时间为 $t_l=\dfrac{l}{v_z}$,电子离开板的右端垂直位移为

$$y_b=\frac{1}{2}a_y t_b^2=\frac{1}{2md}\,eU_y\left(\frac{b}{v_z}\right)^2 \tag{11-1}$$

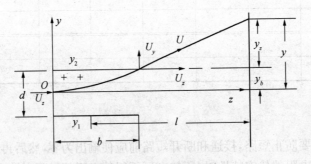

图 11-1　电子束电偏转

在同一点的垂直速度是 $v_y=a_y t_b=\dfrac{eU_y}{md}\left(\dfrac{b}{v_z}\right)$。电子离开右板时不再受电场力的作用,因而做匀速直线运动,到达屏的垂直位移

$$y_l=v_y t_l=\frac{eU_y}{md}\left(\frac{b}{v_z}\right)\left(\frac{l}{v_z}\right) \tag{11-2}$$

电子在屏上的总位移是 $y=y_b+y_l=\dfrac{eU_y b}{mdv_z^2}\left(\dfrac{b}{2}+1\right)$。令 $L=\dfrac{b}{2}+1$,即板中心至屏的距离代入式(11-2),结合 $\dfrac{1}{2}mv_z^2=ev_k$,消去 v_z 得,$y=\dfrac{1}{2dv_k}bLU_y$,说明偏转板的电压越大,屏上的

位移也越大,两者是线性关系。比例常数在数值上等于偏转压力为本伏特时,屏上光点位移的大小,称为示波管电偏灵度 s,即 $s_y = \dfrac{y}{U_y} = \dfrac{bL}{2dv_k}$。显然对 x 偏转板也有相应的电偏转灵敏度,即 $s_x = \dfrac{x}{U_x} = \dfrac{bL}{2dv_k}$,式中相应的 b、d 及 L 为偏转板的几何量。可见电偏转的灵敏度 s 与 b、L 成正比,而与 d、v_k 成反比。b 增大时,电子在两偏转板之间受电场力作用时间长,获得的偏转速度 v_y 就大,所以偏转位移 y 也随之增大。而 v_y 一定时,偏转板至屏的距离 L 增大,电子通过 L 的时间就长,所以偏转位移 y 也同时增大。对一定的偏转电压,当 d 增大时,偏转板之间的电场强度变小,电子获得的偏转速度 v_y 就小。同样加速电压 v_k 增大时,电子穿过两板间的时间变小,v_y 也变小,这些都导致偏转位移减小。

增大偏转板的长度 b 和缩小两板间的距离 d,固然可以增大示波管的灵敏度,但偏转大的电子易被板端阻挡或电子束经过板边缘的非均匀磁场时,以致 $y \propto v_y$ 的线性关系遭到破坏。所以通常将两偏转板的出口端作成喇叭状。

屏上光点的位移与偏转电压的线性关系是示波管能被用来制成测量电压仪器的理论依据。

【实验仪器】

电子束实验仪一台,信号连接线若干,示波器一台。

【实验内容】

(1) 打开示波器电源调整栅极电压和聚焦电压,使屏上的光点最细,亮度适中。

(2) 预置加速电压 v_k 为某一数值,调整偏转电压 v_y,光点将随之移动 y。测量并记录数对 (y, v_y),并填入表中,以 y 为纵轴,在坐标纸上作 $y - v_y$ 关系图,其斜率为示波管的电偏转灵敏度,每改变一次 v_k,记录一组 y、v_y 的值填入表中,大约改变 6 次 v_k 值,记录 6 对相应的 y、v_y 值。由 $s_y = \dfrac{y}{v_y}$ 计算每一个 v_k 值时的 v_y,以 v_y 为纵轴,以 $\dfrac{1}{v_k}$ 为横轴,在坐标纸上作 $v_y - \dfrac{1}{v_k}$ 关系图,如为直线,则 $s_y - \dfrac{1}{v_k}$ 的直线关系得以验证。

(3) 作 x 偏转板的偏转灵敏度 s_x,方法同上。

【实验数据分析与处理】

置加速电压 $v_k =$ 　　　V。

y						
v_y						
s_y						

置加速电压 $v_k =$ 　　　V。

x						
v_x						
s_x						

【注意事项】

仪器内部有高压,使用时要有良好的接地线,不得自行拆装仪器,谨防触电。

【思考题】

完成本实验后,是否了解示波管的基本结构?

12　电子束的磁偏转

【实验目的】

1. 了解显像管中电子束的磁偏转原理。
2. 测量显像管磁偏转系统的灵敏度。

【实验原理】

电子束以速度 v_z 垂直通过磁感应强度为 B 的均匀磁场时,在洛伦兹力 ev_zB 的作用下发生偏转,在磁场区域内做匀速圆周运动,最后打在荧光屏的 P 点上,设光点位移为 y,如图12-1 所示,由牛顿第二定律

$$f = ev_zB = m\frac{v_z^2}{R} \tag{12-1}$$

于是有

$$R = m\frac{v_z}{eB} \tag{12-2}$$

在偏转角不是很大时

$$\tan\varphi \approx \frac{b}{R} = \frac{y}{L} \tag{12-3}$$

由式(12-2)和式(12-3)可得

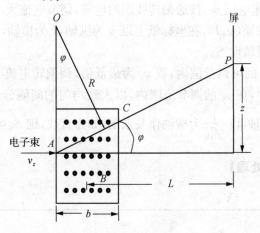

图 12-1　实验原理图

$$y = \frac{ebLB}{mv_z} \qquad (12-4)$$

结合 $\frac{1}{2}mv_z^2 = ev_k$，有

$$y = \sqrt{\frac{e}{2mv_k}}bLB \qquad (12-5)$$

式(12-5)表明光点的偏转位移 y 与磁感应强度 B 呈线性关系，与加速电压 v_k 的平方根成反比。提高加速电压 v_k，偏转灵敏度降低，但其影响要比对电偏转灵敏度的影响小。因此，使用磁偏转时，提高显像管中电子束的加速电压 v_k，增强屏上图像的亮度水平要比使用电偏转更有利，而且磁偏转便于得到电子束的大角度偏转，更适合于大屏幕的需要。因此在显像管中往往采用磁偏转，但是由于偏转线圈的电感与较大的分布电容，不利于高频使用，而且体积和重量较大，不如电偏转系统，所以示波管往往采用电偏转。

实验装置是在紧贴示波管的两侧安放两组线圈，串联后通以电流，得到偏转磁场。所产生的磁感应大小 B 与电流强度 I 和线圈圈数 n 成正比。可用公式 $B = KnI$ 表示，常数 K 由线圈的样式和磁环物质的磁性常数决定，因此磁偏转灵敏度 S_m

$$S_m = \frac{y}{I} = \sqrt{\frac{e}{2mv_k}}KbLn$$

对于特定的示波管和偏转线圈，在加速电压一定时，偏转灵敏度为常数，改变加速度电压时，偏转灵敏度与加速电压的平方根成反比。

【实验仪器】

电子束实验仪一台，信号连接线若干，示波器一台。

【实验内容】

(1) 调节栅压、加速电压及聚焦电压使屏上光点最小，光度适中。

(2) 测量并记录加速电压 v_k，接通偏转线圈的电流，调节电流大小，观察屏上光点位移 y。每增加一小格，记录一对质(y、I)，在坐标纸上以 y 为纵轴，I 为横轴，作 y - I 关系曲线。求直线的斜率，即为磁偏转灵敏度 S_m。

(3) 在加速电压 v_k 的可调范围内，置 v_k 为最低值，调偏转电流 I，使光点位移为最大值，将 y 及 v_k 记录在表格中，在 v_k 的调节范围内，以大致均匀的间隔分 6 次增加，每增大一次记录相应的值。以 y 为纵轴，以 $\frac{1}{\sqrt{v_k}}$ 为横轴作关系图，如为直线，则 $S_m \propto \frac{1}{\sqrt{v_k}}$ 的关系得以验证。

【实验数据分析与处理】

置加速电压 $v_k =$ V。

y/格						
I/A						

【注意事项】

仪器内部有高压,使用时要有良好的接地线,不得自行拆装仪器,谨防触电。

【思考题】

电子束的电偏转与电子束的磁偏转有何不同?

13 声速测试

【实验目的】

SV-B系列声速测试仪是观察、研究声波在不同介质中的传播现象，测量介质中声波传播速度的专用仪器。该系列声速测试仪是由声速专用测试架（图13-1）和专用信号源组成，可用于大学基础物理实验。

SV-B系列声速测试仪不但具有基础物理声速实验中常用的两种测试方法，而且在这两种常规测量方法的基础上还可用于工程中实际使用的声速测量方法、时差法。在时差法工作状态下，使用示波器可以非常明显、直观地观察声波在传播中经过多次反射、叠加而产生的混响波形。

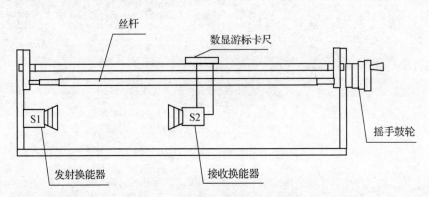

图 13-1 声速测试架外形示意图

【实验原理】

1. 超声波与压电陶瓷换能器

频率20 Hz～20 kHz的机械振动在弹性介质中转换形成声波，频率高于20 kHz的称为超声波。而超声波具有波长短，易于定向发射等优点。声速实验所采用的声波频率一般在20～60 kHz之间，在此频率范围内，采用压电陶瓷换能器作为声波的发射器、接收器效果最佳。

压电陶瓷换能器根据其工作方式分为纵向（振动）换能器、径向（振动）换能器和弯曲振动换能器。而在声速教学实验中大多数采用纵向换能器，图13-2为

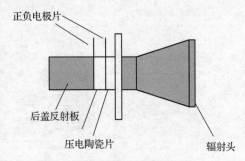

图 13-2 纵向换能器的结构简图

纵向换能器的结构简图。

2. 共振干涉法(驻波法)测量声速

假设在无限远声场中,仅有一个点声源 S_1(发射换能器)和一个接收平面(接收换能器 S_2)。当点声源发出声波后,在此声场中只有一个反射面(即接收换能器平面),并且只产生一次反射。

在上述假设条件下,发射波 $\xi_1 = A_1\cos(\omega t + 2\pi x/\lambda)$。在 S_2 处产生反射,反射波 $\xi_2 = A_2\cos(\omega t - 2\pi x/\lambda)$,信号相位与 ξ_1 相反,幅度 $A_2 < A_1$。ξ_1 与 ξ_2 在反射平面相交叠加,合成波束 ξ_3。

$$\begin{aligned}\xi_3 = \xi_1 + \xi_2 &= A_1\cos(\omega t + 2\pi x/\lambda) + A_2\cos(\omega t - 2\pi x/\lambda)\\ &= A_1\cos(\omega t + 2\pi x/\lambda) + A_1\cos(\omega t - 2\pi x/\lambda) + (A_2 - A_1)\cos(\omega t - 2\pi x/\lambda)\\ &= 2A_1\cos(2\pi x/\lambda)\cos\omega t + (A_2 - A_1)\cos(\omega t - 2\pi x/\lambda)\end{aligned}$$

由此可见,合成后的波束 ξ_3 在幅度上具有随 $\cos(2\pi x/\lambda)$ 呈周期变化的特性,在相位上,具有随 $(2\pi x/\lambda)$ 呈周期变化的特性。另外,由于反射波幅度小于发射波,合成波的幅度即使在波节处也不为 0,而是按 $(A_2 - A_1)\cos(\omega t - 2\pi x/\lambda)$ 变化。如图 13 - 3 所示波形显示了叠加后的声波幅度,随距离按 $\cos(2\pi x/\lambda)$ 变化特性。

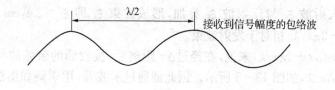

图 13 - 3 换能器间距与合成幅度

实验装置按图 13 - 4 所示的电,图中 S_1 和 S_2 为压电陶瓷换能器。S_1 作为声波发射器,它由信号源供给频率为数十千赫兹的交流电信号,由逆压电效应发出一平面超声波。而 S_2 则作为声波的接收器,压电效应将接收到的声压转换成电信号。将它输入示波器,我们就可看到一组由声压信号产生的正弦波。由于 S_2 在接收声波的同时还能反射一部分超声波,接收的声波、发射的声波振幅虽有差异,但两者周期相同且在同一线上沿相反方向传播,两者在 S_1 和 S_2 区域内产生了波的干涉,形成驻波。在示波器上观察到的实际是这两个波合成后在声波接收器 S_2 处的振动情况。移动 S_2 位置(即改变 S_1 和 S_2 之间的距离),从示波器显示上会发现。当 S_2 在某位置时,振幅有最小值。根据波的干涉理论可以知道:任何两相邻的振幅最大值的位置之间或两相邻的振幅最小值的位置之间的距离均为 $\lambda/2$。为了测量声波的波长,可以在一边观察示波器上声压振幅值的同时,缓慢地改变 S_1 和 S_2 之间的距离。示波器上就可以看到声波振动幅值不断地由最大值变到最小值再变到最大值,两相邻的振幅最大之间的距离为 $\lambda/2$,S_2 移动过的距离亦为 $\lambda/2$。超声换能器 S_2 至 S_1 之间的距离改变可通过转动鼓轮来实现的,而超声波的频率又可由声速测试仪信号源频率显示窗口直接读出。

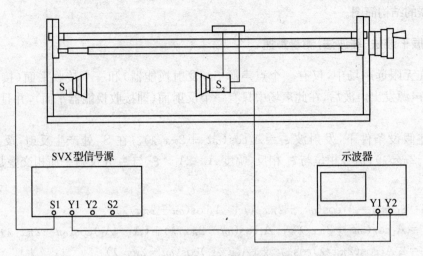

图 13－4 驻波法、相位法连续图

在连续对此测量相隔半波长的 S_2 位置变化和声波频率 f 后，可运用测量数据计算出声速，并用逐差法处理测量的数据。

3. 相位法测量原理

由前述可知入射波 ξ_1 与反射波 ξ_2 叠加，形成波束 ξ_3 即 $\xi_3 = 2A_1\cos(2\pi x/\lambda)\cos\omega t + (A_2 - A_1)\cos(\omega t - 2\pi x/\lambda)$ 相对于发射波束。

对于 $\xi_1 = A\cos(\omega t - 2\pi x/\lambda)$ 来说，在经过 Δx 距离后，接收到的余弦波与原来位置处的相位差（相移）$\theta = 2\pi\Delta x/\lambda$，如图 13－5 所示。因此能通过示波器，用李萨如图法可观察测量出声波的波长。

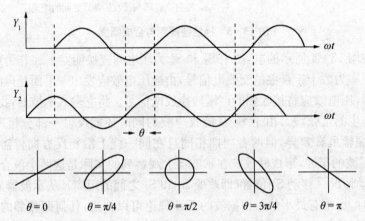

图 13－5 李萨如图法观察相应变化

4. 时差法测量原理

连续波经脉冲调制后，由发射换能器发射至被测介质中传播，经过 t 时间后，到达 L 处的接收换能器。由运动定律可知，声波在介质中的传播速度

$$v = L/t$$

通过测量两换能器发射接收平面之间的距离 L 和时间 t，就可以计算出当前介质下的声波传播速度。如图 13-6 所示为发射波与接收波。

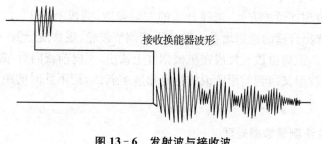

接收换能器波形

图 13-6   发射波与接收波

【实验内容】

1. 仪器预热

仪器在使用之前，加电开机预热 15 min。在接通电后，自动工作在连续波方式，这时脉冲强度选择按钮不起作用。

2. 驻波法测量声速

1) 测量装置的连接

如图 13-4 所示，信号源面板上的发射端换能器接口(S_1)，用于输出一定频率的功率信号，请接至测试架的发射换能器(S_1)。信号源面板上的发射端 Y1，请接至双踪示波器的 CH1(Y1)，用于观察发射波形。接收换能器(S_2)的输出接至示波器的 CH2(Y2)。

2) 测定压电陶瓷换能器的最佳工作点

只有当换能器 S_1 的发射面和 S_2 的接收面保持平行时，才有较好的接收效果。为了得到较清晰的接收波形，应将外加的驱动信号频率调节到换能器 S_1、S_2 的谐振频率点处，才能较好的进行声能与电能的相互转换(实际上有一个小的通频带)，以得到较好的实验结果。调节到压电陶瓷换能器谐振点处的信号频率，估计示波器的扫描时基 t/格，并进行调节，使其在示波器上获得稳定波形。

换能器工作状态的调节方法如下：各仪器都正常工作以后，首先调节发射强度旋钮，使声速测试信号源输出合适的电压，再调整信号频率在 25～45 kHz，选择合适的示波器通道增益，一般在 0.1～0.5 V/格之间的位置，观察频率调整时接收波的电压主幅度变化，在某一频率点处(34.5～37.5 kHz)，电压幅度最大，此频率即是压电换能器 S_1、S_2 相匹配频率点，记录频率 F_N，改变 S_1 和 S_2 间的距离，适当选择位置，重新调整，再次测定工作频率，共测 5 次，取平均频率 f。

3) 测量步骤

将测试方法设置到连续波方式，选择合适的发射强度。完成前述 1)、2)步骤，观察示波器找到接收波形的最大值。然后转动距离调节鼓轮，这时波形的幅度会发生变化，记录下幅度为最大时的距离 L_{i-1}，距离由数显尺(数显尺原理说明见附录 2)或在机械刻度上读出，再向前或

后(必须是一个方向)移动距离,当接收波经变小后再到最大时,记录下此时的距离 L_i。即波长 $\lambda_i = 2|L_i - L_{i-1}|$,多次测定用逐差法处理数据。

3. 相位法/李萨如图法测量波长的步骤

将测试方法设置到连续波方式,选择合适的发射强度,完成上述 1)、2)步骤后,将示波器打到"$X-Y$"方式,选择合适的通道增益。转动距离调节鼓轮,观察波形为一定角度的斜线,记录下此时的距离 L_{i-1},距离由数显尺或在机械刻度上读出,再向前或向后(必须是一个方向)移动距离,使观察到的波形又回到前面所说的特定角度的斜线,记下此时的距离 L_i,即波长 $\lambda_i = 2|L_i - L_{i-1}|$。

4. 干涉法/相位法测量数据处理

已知波长为 λ_i 和频率 f_i,频率是由声速测试仪信号源频率显示窗口直接读出的,则声速 $c_i = \lambda_i f_i$。因声速还与介质温度有关,所以必要时请记下介质温度 t。

1) 时差法测量声速步骤

使用空气为介质测试声速时,按图 13-7 所示进行接线。为了避免连续波可能带来的干扰,应将连续波频率调离换能器谐振点。将测试方法设置到脉冲方式,选择合适的脉冲发射强度。将 S_1 和 S_2 之间的距离调到一定距离($\geqslant 50$ mm),选择合适的接收增益,使显示的时间差值读数稳定,然后记录率此时的距离和信号源计时显示的时间值 L_{i-1} 和 t_{i-1}。移动 S_2,记录下此时的距离值和显示的时间值 L_i 和 t_i,则声速 $c_i = (L_i - L_{i-1})/(t_i - t_{i-1})$。在距离小于等于 50 mm 时,只要 L_i、L_{i-1} 处显示的时间值 t_{i-1}、t_i 稳定且不在"拖尾"处,在"拖尾"处时,显示的时间值很小,调节接收增益,可去掉"拖尾",也能得到稳定的声速值。

由于空气中超声波衰减较大,在较长距离内测量时,接收波会明显的衰减,这可能会带来计时器读数跳字,这时应微调(距离增大时,顺时针调节;距离减小时,逆时针调节)接收增益,使计时器读数连续准确变化。建议将接收换能器先调到远离发射器的一端,并将接收增益调至最大,这时计时器有相应的读数。

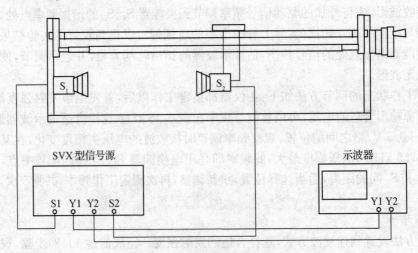

图 13-7　时差法测量声速连接图

由远到近调节接收换能器,这时计时器读数将变小。随着距离的变近,接收波的幅度逐渐变大,在某一位置,计时器读数会有跳字现象,这时逆时针方向微调接收增益旋钮,使计时器的计时读数连续准确变小,就可以准确测得计时值。

当用液体介质测试声速时,先在测试槽中注入液体,直至换能器完全浸没,但不能超过液面线。选择合适的脉冲波强度,即可进行测试,步骤相同。

2) 固体介质中的声速测量

固体中声波传播很复杂,它包括纵波、横波、扭转波、弯曲波、表面波等,而且各种声速都与固体棒的形状有关。金属棒一般为各向异性结晶体,沿任何方向可能有三种波传播,只在特殊情况下为纵波。

固体介质中的声速测量需另配专用的 SV-B 型固体测量装置,用时差法进行测量。实验提供 2 种测试介质:有机玻璃棒和铝棒。每种材料长 50 mm 且有 3 根样品。只需对不同长度的样品测量 2 次,即可计算出声速

$$c_i = (L_i - L_{i-1})/(t_i - t_{i-1})$$

测量时,按图 13-8 所示的图接线。将接收增益调到适当位置(一般为最大位置),以计时器不跳字为好。将发射换能器(标有 T)发射端朝上竖立放置于托盘上,在换能器端面和固体棒的端面上涂上适量的耦合剂,再把固体棒放在发射面上,使其紧密接触并对准,然后将接收换能器(标有 R)接收端面放在于固体棒端面上并对准,利用接收换能器的自重与固体棒端面接触。由于接收换能器的自重不变,所以这样得到的数据很稳定。

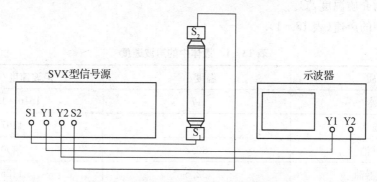

图 13-8   测量固体介质中声速的接线图

测出一组数据后,移开接收换能器,将另一根固体棒置于下面一根固体棒之上(上下两根固体棒可为不同材料的固体棒),并保持良好的接触,再放上接收换能器,即可进行第 2 组数据的测量。

测量超声波在不同的介质中传播的平均速度时,只要将不同介质同时置于两换能器之间就可以进行测量。由于固体中声波传播速度较高、固体棒的长度有限等原因,测量所得结果仅作参考。完成实验后应关闭仪器的交流电源,并关闭数显测量尺的电源,以免耗费电量。

【实验数据分析与处理】

1) 自拟表格记录所有的实验数据,用逐差法求相应位置的差值以及计算 λ。

2) 以空气介质为例,计算出共振干涉法和相位法测得的波长平均值 λ 及其标准差 s_λ,同

时考虑仪器的示值读数误差为 0.01 mm，经计算可得波长的测量结果 $\lambda = \pm \Delta\lambda$。

3) 按理论值公式 $v_S = v_0 \sqrt{\dfrac{T}{T_0}}$，计算出理论值 v_S。式中，$v_0 = 331.45$ m/s；$T_0 = 273.15$ K；$T = (t + 273.15)$ K。或按经验公式 $v = (331.45 + 0.59 t)$ m/s 计算 v。其中，t 为介质温度，℃。

4) 计算出通过两种方法测量的 v 以及 Δv 值，其中 $\Delta v = v - v_S$。

将实验结果与理论值相比较，计算出百分比误差。分析误差产生的原因，可写为在室温为 _____℃时，用共振干涉法（相位法）测得超声波在空气中的传播速度为 $v = \pm$ _____ m/s，$\delta = \dfrac{\Delta v}{v_S} =$ _____ %。

5) 列表记录时差法测量有机棒及金属棒的实验数据

(1) 3 根相同材质，不同长度待测棒，测量其长度。

(2) 每根测试棒所测得相应的时间。

(3) 求出相应的差值，然后计算出声速，并与理论声速传播测量参数进行比较，计算百分误差。

6) 声速测量值与公认值比较。

(1) 空气中声速，按理论值公式 $v_S = v_0 \sqrt{\dfrac{T}{T_0}}$，求得 v_S。式中，$v_0 = 331.45$ m/s；$T_0 = 273.15$ K；$T = (t + 273.15)$ K。或按经验公式 $v = (331.45 + 0.59 t)$ m/s，如表 13-1 所列，计算 v。其中，t 为介质温度，℃。

(2) 液体中的声速（表 13-1）.

表 13-1　液体中的声波速度

介质	温度/℃	声波速度/(m/s)
海水	17	1510~1550
普通水	25	1497
菜籽油	30.8	1450
变压器油	32.5	1425

(3) 固体中的纵波声速.

铝：$c_{铝棒} = 5\,150$ m/s；$c_{铝块} = 6\,300$ m/s。

铜：$c_{铜棒} = 3\,700$ m/s；$c_{铜块} = 5\,000$ m/s。

钢：$c_{钢棒} = 5\,050$ m/s；$c_{钢块} = 6\,100$ m/s。

玻璃：$c_{玻璃棒} = 5\,200$ m/s；$c_{玻璃块} = 5\,600$ m/s。

有机玻璃：$C_{有机玻璃棒} = 1\,500 \sim 2\,200$ m/s；$c_{有机玻璃块} = 2\,000 \sim 2\,600$ m/s。

（注：以上数据仅供参考，由于介质的成分和温度不同，实际测得的声速范围可能会较大。）

【注意事项】

1. 使用时，应避免声速测试仪信号源的功率输出端短路。

2. 用液体作传播介质测量时，应避免液体接触其他金属件，以免金属件被腐蚀。每次使用完毕后,用干燥清洁的抹布将测试架及螺杆清洁干净。

3. 严禁将液体(水)滴到数显尺杆和数显表头内,如果不慎将液体(水)滴到数显尺杆和数显表头上,请用 60℃ 以下的温度将其烘干,即可使用。

4. SV-B-5、SV-B-5A、SV-B-7、SV-B-7A 型测试架体带有有机玻璃,容易破碎,使用时应谨慎,以防止发生意外。

5. 数显尺电池使用寿命为 6~8 个月,过了使用期后请更换电池。

6. 仪器不使用时,应存放在温度为 0~35℃ 的室内架上,架子离地高度应大于 100 mm。仪器应在清洁干净的场所使用,避免阳光直接暴晒和剧烈颠震。

【思考题】

1. 声速测量中共振干涉法、相位法、时差法有何异同?

2. 为什么要在谐振频率条件下进行声速测量? 如何调节和判断测量系统是否处于谐振状态?

3. 为什么发射换能器的发射面与接收换能器的接收面要保持相互平行?

4. 声音在不同介质中传播有何区别? 声速为什么会不同?

14　温度传感器特性测量

【实验目的】

　　1. 掌握非平衡电桥的原理,用温敏二极管(PN 结)、铂电阻(选做)、热敏电阻(选做)设计制作温度传感器并进行温度校准。

　　2. 在恒定小电流条件下,测量 PN 结温度传感器的正向电压 U 和温度 T 的关系,测量铂电阻两端的电压 U 和温度 T 的关系(选做),并在直角坐标纸上绘出 U-T 曲线。

　　3. 用制作好的温度传感器与标准水银温度计或标准数字温度计同时进行降温测量,并在直角坐标纸上分别绘出降温曲线。

【实验原理】

1. 温敏二极管的工作原理

　　当温度变化时,导体与半导体的电阻值随温度而变化,这现象称为热电效应。传感器是能感应选定的被测量并按照一定的规律转化成可输出信号的器件或装置。该装置通常是由敏感元件和转换元件组成。通过传感器检测温度、压力、湿度等非电学量。是现代信息技术的基础。传感器技术越来越广泛地应用在非电学量测量、智能检测以及自动控制系统中。使用电阻、半导体型传感器时经常采用非平衡电桥电路。

　　由于 PN 结构成的二极管和三极管的伏安特性对温度有很大的依赖性,利用这一点可以制成 PN 结温度传感器(温敏二极管)和晶体管温度传感器。这类传感器灵敏度很高,响应快,而且在科研生产中广泛应用。

　　二极管的正向电流、电压满足

$$I = I_s \exp(qV/mkT - 1) \tag{14-1}$$

　　常温条件下,当 $U > 0.1$ V 时,式(14-1)可近似为

$$I = I_s \exp(qV/mkT) \tag{14-2}$$

式中,q 为电子电量,$q = 1.602 \times 10^{-19}$ C;k 为玻尔兹曼常数,$k = 1.381 \times 10^{-23}$ J/K;T 为绝对温度;I_s 为反向饱和电流;m 为理想二极管参数,其理论值为 1。因二极管的特性、使用条件不同,m 值会稍有变化,但在实验中取 $m \approx 1$。

　　由式(14-2)可知,当 T 为某一温度时,二极管正向电流、电压满足指数关系;如果温度升高,伏安特性曲线随之移动,反向饱和电流 I_s 与温度有关。

$$I_s = A\exp(Eg/kT) \tag{14-3}$$

将式(14-3)代入式(14-2),并取一恒定小电流(通常 $I_0 \approx 100\ \mu A$),则 U 和 T 近似满足线性关系:

$$U \approx KT + U_{g0} \tag{14-4}$$

式中,$K = -2.3\ mV/℃$,即每升高 $1℃$,U 减少约 $2.3\ mV$。由 U_{g0} 可求出温度为 $0\ K$ 时半导体材料的禁带宽度 $E_{g0} = qU_{g0}$,硅材料 E_{g0} 约为 $1.2\ eV$。

按图 14-1 所示的电路图接线(若用 $200\ mV$ 基本量程数字电压表接上分压电阻,便可使其量程扩展为 $2\ V$)

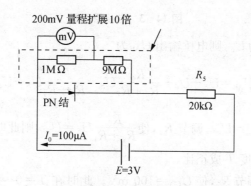

图 14-1 电路图

对 1N4007 型硅二极管进行测量并绘制出 U-T 曲线($I_0 \approx 100\ \mu A$),如图 14-2 所示。

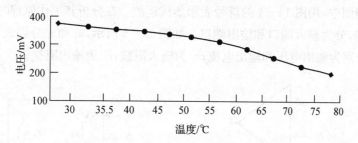

图 14-2 U-T 曲线

由图 14-2 可知,在正方向偏置下,PN 结的温度每升高 $1℃$,结电压下降约 $2\ mV$。利用 PN 结电压温度特性,可直接用半导体二极管或半导体三极管制作成二极管做成的 PN 结温度传感器。

PN 结传感器的测温范围为 $-50 \sim +150℃$,有较好的线性度,尺寸小,热时间常数小,性价比较好,用途广泛。由于它具有较高的灵敏度,其结电压可直接用数字电压表进行测量,因此用 PN 结温度传感器来设计、制作 MD-WCY-3 型温度传感器比较容易。

为了使数字电压表直接显示出测量的温度值,需要设置零点调节和满度调节电路,即必须通过定标校准来实现温度的直接显示。

2. 用可变电阻器作为电桥的输出负载

本实验采用非平衡电桥的原理,将结温度传感器作为电桥电路的一个桥臂,用可变电阻器或运算放大器作为其输出负载。其电路原理如图 14-3 所示。

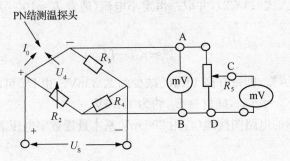

图 14-3　电路原理图

设二极管的结电压为 U_d,则电桥输出 U_{AB} 为

$$U_{AB}=U_S-U_d-\frac{R_4}{R_2+R_4}U_S=\frac{R_2}{R_2+R_4}U_S-U_d \qquad (14-5)$$

若温度 $T=0℃$ 时,$U_d=U_{d0}$,调节 R_2,使 $\frac{R_2}{R_2+R_4}U_S=U_{d0}$,则此时 $U_{AB}=0$,$U_{AB}=U_{d0}-U_d$ $=2T$(数值),即 U_{AB} 与温度 T 成正比。

在 $T=100℃$ 时,再调节 R_5,使 $U_{CD}=100\ mV$。此时在 $T=0\sim100℃$ 温度范围内数值上 $U_{CD}=T$,即数字电压表所测的电压值 U_{CD} 就是测得温度值。

1) 集成运算放大器简介

在电路原理图中,用图 14-4 的符号表示集成运放。在分析其工作原理时,可以将它看作一双端网络电路,分为输入端口和输出端口。如图 14-5 所示,u_i 和 i_i 分别表示输入电压和输入电流;u_o、i_o 分别为输出电压和输出电流;r_i 为输入阻抗,r_o 为输出阻抗。

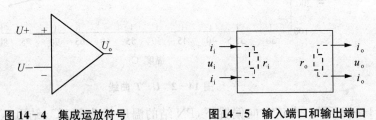

图 14-4　集成运放符号　　　　　图 14-5　输入端口和输出端口

2) 集成运算放大器的主要参数

(1) 最大输出电压 U_{OPP}。在额定电源电压下,集成运放所输出的最大电压的峰,峰值为 U_{OPP}。电源电压为 $\pm15\ V(\pm5\ V$ 也可以)时,集成运放最大输出电压约为 $\pm13\ V$。

(2) 开环放大倍数 A_{u0}。A_{u0} 是集成运放在开环状态输出不接负载时的直流差模放大倍数,A_{u0} 可达 10^5 以上。

(3) 输入阻抗 r_i。由图 14-5 可知,集成运放的输入阻抗 $r_i=u_i/i_i$,其数值较大,一般为几兆欧姆。

(4) 输出阻抗 r_o。集成运放的输出阻抗 $r_o=u_o/i_o$,其数值较小一般为几百欧姆。这里只列举了运算放大器的主要参数,其他参数可根据需要查阅有关资料。

综上,集成运放具有开环电压放大倍数高、输入阻抗高、输出阻抗低、漂移小、可靠性高、体积小等优点。

集成运放的输入方式有 3 种:

(1) 反向输入。由反向输入端 u_- 和地输入信号。

(2) 同向输入。由同向输入端 u_+ 和地输入信号。

(3) 差动输入。由 u_- 和 u_+ 输入信号。

集成运放的输出情况与工作模式有关,又分为 2 种:如果工作在线性区,输出电压 u_o 和输入电压 u_i 呈线性关系,即

$$u_o = A_{uo}(u_- - u_+) \qquad (14-6)$$

由于 A_{u0} 很大,而输入阻抗 r_i 很大,可得到两个重要结论:

$$u_- \approx u_+, \qquad i_- \approx i_+ = 0 \qquad (14-7)$$

这是分析集成运算放大器应用电路的出发点,如果工作在线性区(又称饱和区):

$$u_- > u_+ \text{时 } u_0 = U_{01}, \quad u_- < u_+ \text{时}, u_0 = U_{0H} \qquad (14-8)$$

式中,U_{o1}、U_{oH} 分别为最大正、负输出电压。由式(14-8)可知两种情况的转折点。

本实验采用反向比例电路如图 14-6 所示。

输入电压 u_i 通过电阻 R 加到反向端,同向端接地,输出电压 u_o 通过电阻 R_f 反馈到反向输入端,根据式(14-7)有 $i_i \approx i_f$,则

$$u_o = -(R_f/R)u_i \qquad (14-9)$$

由式(14-9)可知,u_o 和 u_i 成比例关系,式中负号表示 u_o 和 u_i 极性相反;放大倍数 $A_{uf} = -R_f/R$ 只取决于电阻 R_f 和 R 的比值,而与运放本身参数无关,这就保证了运放的精度和稳定性。图 14-6 中 A 点的电位近似于零称为"虚地"。由于并联负反馈的作用,使此电路的输入阻抗减小,即 $r_{if} = u_I/i_i = R$,其值较小,一般不超过 1 MΩ;而输出阻抗 $r_{of} \approx 0$,因此反向比例电路带负载能力较强。

本实验采用 OP07 型集成运算放大器,其引脚排列如图 14-7 所示。

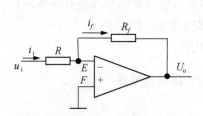

图 14-6 反向比例电路图

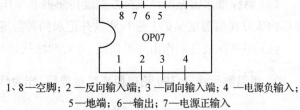

1、8—空脚; 2—反向输入端; 3—同向输入端; 4—电源负输入;
5—地端; 6—输出; 7—电源正输入

图 14-7 集成运算放大器引脚排列图

【实验仪器】

MD－WCY－3 型温度传感器、PN 结温度传感器、铂电阻温度传感器、热敏电阻温度传感器、MD－WCY－2 型温度传感器或水银温度计、加热炉等。

【实验内容】

1. 用 PN 结传感器制作温度传感器

1) 测量 PN 结传感器的结电压随温度变化的关系

参照实验原理图接线,选取适当的桥臂电阻阻值(选取原则在电源电压一定条件下应考虑:通过传感器的电流小于 $100~\mu A$,否则传感器发热,影响测量的准确度;比率臂电阻阻值比一般选取 1∶1;传感器在测温温区内的阻值变化范围)。

将 PN 结传感器放入热水中或放在加热炉上,利用仪器配置的数字电压表(应采用 2 V 的数字电压表)测出不同温度下 PN 结两端所对应的电压值,并在坐标纸上作 $U - T$ 曲线。

2) 制作温度传感器并进行定标

(1) 选择运算放大器作为电桥电路的输出负载,制作温度传感器并进行定标。

先把 PN 结温度传感器放入 0℃的冰水混合液中,将数字电压表跨接在非平衡电桥电路的 A、B 两端,调整可变电阻 R_2 的阻值使电桥平衡。将电桥的 U_{AB} 端与运算放大器的输入端连接(因为运算放大器采用反向输入,故应将 A 和 F 点、B 和 E 点连接)。在将数字电压表接至运算放大器的输出端,最后把温度传感器探头放入 100℃的热水中或恒温加热炉内,调节运算放大器的放大倍数(即调节 R_f 的阻值),使数字电压表的读数为 100 mV。

(2) 选可变电阻器作为输出负载,制作温度传感器并进行定标(选做)。

参照实验原理图或接线图连线。将数字电压表跨接在非平衡电桥电路的 A、B 两端,PN 结温度传感器放入温度为 0℃冰水混合液中,调整可变电阻 R_2 的阻值使电桥平衡,此时数字电压表电压指示为零。

将数字电压表改接在可变电阻器 R_5 的 C、D 上,再将 PN 结温度传感器探头放入 100℃的热水中或恒温加热炉内,调节 R_5 的 C、D 间阻值使数字电压表的读数恰好为 100 mA,就完成了该温度传感器的校准。

(3) 将标准水银温度计或标准温度传感器和制作好的温度传感器分别放入盛有沸水的保温杯内或放在恒温加热炉上进行测量并记录两种温度计随水温变化的数据。

(4) 用坐标纸分别作出降温曲线,并对两曲线进行分析比较。

2. 用温敏元件(Pt100 铂电阻或热敏电阻)作为传感器制作温度传感器

(1) 电路连接及桥臂电阻的选取同上。

(2) 将传感器放入温度为 0℃冰水中,调整 R_2,使电桥平衡。

(3) 再将 Pt100 铂电阻探头放在温度设为 100℃的加热炉中,3 min 后,调整运算放大器的反馈电阻 R_f,使电压表显示数值为 100 即可。

【实验数据分析与处理】

（以 PN 结传感器为例）

水银温度计/℃	95	90	85	80	75	70	65	60	55
温度传感器/℃									
标准温度传感器/℃									
T/min									
水银温度计/℃	50	45	40	35	30	25	20	15	10
温度传感器/℃									
标准温度传感器/℃									
T/min									

【注意事项】

1. 为避免通过 PN 结温度传感器的电流过大,造成 PN 结自身温度升高对测温产生影响,电路设计应考虑合适的桥臂电阻,使通过 PN 结的电流不超过 1 mA。

2. 选择电桥桥臂电阻要充分考虑电桥的灵敏度、线性度及电源的电压等因素,还要考虑电桥输出的等效电阻与负载电阻(R_5)匹配问题。因此本实验 R_2 选用 1.5 kΩ+10 kΩ 的多圈电位器,R_3、R_4 各选用 5.1 kΩ 的固定值,R_5 选用 470 kΩ。

3. 低温端校准时,数字电压表的正极应接在电桥输出的 A 点。

4. 定标时可用冰水混合液获得 0℃,用沸水或加热炉获得 100℃。可用水银温度计作为标准来进行校正。

5. 为使实验程序简化,制作 PN 结温度传感器的温度传感器也可以在室温下进行低温的校准。校准时调节桥路电阻 R_2,使 A、B 点电压为室温值的 2 倍。

6. 选用运算放大器作为电桥输出负载时,需调节(R_f)放大器闭环放大倍数使数字表的读数与实际温度值相同。

7. 由于水银温度计的热惯性较大,建议用降温曲线来进行两种温度计比较实验。

【思考题】

1. 桥臂电阻(R_3、R_4)阻值的选取要考虑测温探头(PN 结)的温度特性。因为通过 PN 结的电流超过 1 mA 时会引起 PN 结自身温度的升高,从而给测温带来误差,所以要根据提供的直流电源电压(本实验选用 3 V 电源电池)选择桥臂电阻的阻值。若电阻值选的过大则会引起电桥灵敏度的下降。本实验设计时考虑到该温度传感器的测温范围为 0℃～100℃,故选择使用 R_3、R_4 的阻值为 5.1 kΩ 左右。

2. 由于集成运算放大器的输入阻抗通常在几十千欧到几兆欧,所以可用其作为非平衡电桥的负载电路。为了简化实验电路,本实验采用了电阻分压电路作为电桥的输出负载。但是采用电阻分压时要考虑它与非平衡电桥输出端的匹配问题(即分压电路对 U_{AB} 电压的影响)。可变电阻取值太小对电桥 U_{AB} 的电压影响很大;可变电阻取值太大则会给定标调整带来困难。通过对接入不同阻值的电阻测量以及作图分析,确定所用可变电阻的阻值范围。

按图连接好线路,R_2 选定 1.5 kΩ+10 kΩ 的两个可变电阻器,R_3、R_4 设定为 5.1 kΩ 时,电池电压为 3.2 V 时,测得 U_{AB}=1 012 mV(不接入电阻 R_5 时),接入不同阻值的 R_5 测得数据如表 14-1 所示。

表 14-1

$R_5/\text{k}\Omega$	15	30	60	100	150	200	250
U_{AB}/mV	774	878	941	970	982	990	995
$R_5/\text{k}\Omega$	300	350	400	450	500	700	1 000
U_{AB}/mV	998	1 000	1 002	1 003	1 004	1 007	1 010

U_{AB} 随 R_5 变化的趋势如图 14-8 所示。从该趋势线可以看到,可变电阻 R_5 取值在 450 kΩ 以上对 U_{AB} 的影响便可忽略。由于制作好的温度传感器需要在高温区(100℃附近)进行校准,R_5 阻值选择越大,对电位器精度的要求也就越高,温度校准的步进值也较大,甚至导致温度校准无法完成。参考图 14-8 和实际测试情况后,选择 R_5=470 kΩ 即可满足实验要求。

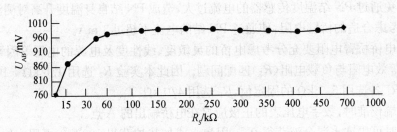

图 14-8 U_{AB}-R_5 的关系曲线

15 液晶电光效应实验

1888 年,奥地利植物学家 Reinitzer 在做有机物溶解实验时,在一定的温度范围内观察到液晶。1961 年美国 RCA 公司的 Heimeier 发现了液晶的一系列电光效应,并制成了显示器件。日本也于 20 世纪 70 年代开始,率先将液晶与集成电路技术相结合,制成了一系列的液晶显示器件。由于液晶显示器件具有驱动电压低(一般为几伏)、功耗极小、体积小、寿命长、环保无辐射等优点,因此在物理、化学、电子、生命科学等诸多领域有着广泛的应用。目前用液晶制成的显示器件早已广为人知,如电子表、手机、电脑等,而液晶显示器件、光导液晶光阀、光调制器、光路转换开关等均是利用液晶电光效应的原理制成的。因此,掌握液晶电光效应的理论,无论从实用还是从物理实验教学角度都具有重要意义。

【实验目的】

1. 测定液晶样品的电光曲线。
2. 根据电光曲线,求出样品的阈值电压 U_{th}、饱和电压 U_r、对比度 D_r、陡度 β 等电光效应的主要参数。
3. 自配数字存储示波器可测定液晶样品的电光响应曲线,求得液晶样品的响应时间。

【实验原理】

1. 液晶

液晶是介于液体与晶体之间的一种物质状态。一般的液体内部分子排列是无序的,而液晶不但具有液体的流动性、黏度、形变等机械性质,此外还具有晶体的热、光、电、磁等物理等各向同性性质,其分子按一定规律有序排列,使其呈现各向异性。当光通过液晶时,会产生偏折面旋转、双折射等效应,液晶分子是含有极性基团的极性分子。

就形成液晶方式而言,液晶可分为热致液晶和溶致液晶。热致液晶又可分为近晶相、向列相和胆甾相,其中向列相液晶是液晶显示器件的主要材料。

2. 液晶电光效应

液晶分子是在形状、介电常数、折射率及电导率上具有各向异性特性的物质,如果对这样的物质施加电场(电流),则液晶分子取向发生变化,它的光学特性也随之变化,这就是通常所说的液晶的电光效应。

液晶的电光效应种类繁多,主要有动态散射型(DS)、扭曲向列相型(TN)、超扭曲向列相型(STN)、有源矩阵液晶显示(TFT)、电控双折射(ECB)等。其中 TFT 型主要用于液晶电视、笔记本电脑等高档产品;STN 型主要用于手机屏幕等中档产品;TN 型主要用于电子表、计算器、仪器仪表、家用电器等中档产品是目前应用最普遍的液晶显示器件。

　　TN 型液晶显示器件显示原理较简单,是 STN、TFT 等显示方式的基础。本实验仪器所使用的液晶样品即为 TN 型,其结构图如图 15-1 所示。

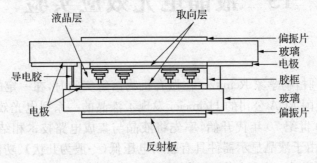

图 15-1　TN 型液晶盒结构图

3. TN 型液晶盒结构

　　在两块玻璃板之间夹有正性向列相液晶,液晶分子的形状如同火柴一样,为棍状。棍的长度在十几埃(1 Å=10⁻¹⁰ m),直径为 4~6 Å,液晶层厚度一般为 5~8 μm,玻璃板的内表面涂有透明电极,电极的表面预先做了定向处理(可用软绒布朝一个方向摩擦,也可在电极表面涂取向剂),这样,液晶分子在透明电极表面就会躺倒在摩擦形成的微沟槽里。电极表面的液晶分子按一定方向排列,且上下电极上的定向方向相互垂直。上下电极之间的那些液晶分子因范德瓦尔斯力的作用,趋向于平行排列。上下玻璃表面的定向方向是相互垂直的。这样,盒内液晶分子的取向逐渐扭曲,从上玻璃片到下玻璃片扭曲 90°,所以称为扭曲向列型。

4. 扭曲向列型光电效应

　　无外电场作用时,由于可见光波长小于向列相液晶的扭曲螺距,当线偏振光垂直入射时。若偏振方向与液晶盒上表面分子取向相同,则线偏振光将随液晶分子轴方向逐渐旋转 90°,平行于液晶盒下表面分子轴方向射出如图 15-2(a)中不通电部分,其中液晶盒上下表面各附一片偏振片,其偏振片方向与液晶盒表面分子取向相同,因此光可以通过偏振片射出;若入射线偏振光偏振方向垂直于上表面分子轴方向,出射时,线偏振光方向亦垂直与下表面液晶分子轴。当以其他线偏振光方向入射时,则根据平行分量和垂直分量的相位差,以椭圆、圆或直线等某种偏振光形式射出。

　　对液晶盒施加电压,当达到某一数值时,液晶分子长轴开始沿电场方向倾斜,电压继续增加到另一数值时,除附着在液晶盒上下表面的液晶分子外,所有液晶分子长轴都按电场方向进行重排列如图 15-2(b)中的通电部分,TN 型液晶盒 90°旋光性完全消失。

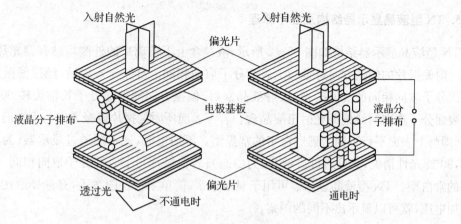

（a） TN 型器件分子排布与透过光示意图

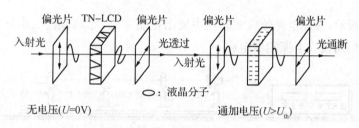

（b） TN 型电光效应原理示意图

图 15-2 扭曲向列型光电效应

若将液晶盒放在两片平行偏振片之间,其偏振方向与上表面液晶分子取向相同。不施加电压时,入射光通过起偏器形成的线偏振光,经过液晶盒后偏振方向随液晶分子旋转 $90°$,不能通过检偏器;施加电压后,透过检偏器的光强与施加在液晶盒上电压大小的关系如图 15-3 所示。其中纵坐标为透光强度,横坐标为外加电压。最大透光强度的 10%,所对应的外加电压值为阈值电压(U_{th}),标志了液晶电光效应有可观察反应的开始,阈值电压小是光电效应好的一个重要标志。最大透光强度的 90% 对应的外加电压值称为饱和电压(U_r),标志了获得最大对比度所需的外加电压数值,U_s 小则易获得良好的显示效果,且降低显示功耗,对显示寿命有利。对比度 $D_r = I_{max} / I_{min}$,其中 I_{max} 为最大观察(接收)亮度(照度),I_{min} 为最小亮度。陡度 $\beta = U_r / U_{th}$ 即饱和电压与阈值电压之比。

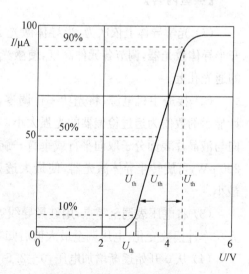

图 15-3 液晶电光曲线图

5. TN 型液晶显示器结构及显示原理

TN 型液晶显示器结构如图 15-2 所示,液晶盒上下玻璃片的外侧均贴有偏光片,其中上表面所附偏振片的偏振方向总是与上表面分子取向相同。自然光入射后,经过偏振片形成与上表面分子取向相同的线偏振光,入射液晶盒后,偏振方向随液晶分子长轴旋转 90°,以平行于下表面分子取向的线偏振光射出液晶盒。若下表面所附偏振片偏振方向与下表面分子取向垂直(即与上表面平行),则为黑底白字的常黑型。不通电时,光不能透过显示器(为黑态),通电时,90°旋光性消失,光可通过显示器(为白态);若偏振片与下表面分子取向相同,则为白底黑字的常白型。TN 型液晶显示器可用于显示数字、简单字符及图案等,有选择地在各段电极上施加电压,就可以显示出不同的图案。

【实验仪器】

如图 15-4 所示,液晶电光效应实验仪主要由控制主机、导轨、滑块、半导体激光器、起偏器、液晶样品、检偏器及光电探测器组成。

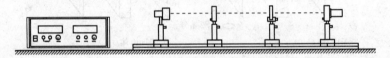

图 15-4　液晶电光效应实验仪装置图

【实验内容】

(1) 光学导体上依次为:半导体激光器—起偏器—液晶盒—检偏器(带光电探测器)。打开半导体激光器,调节各元件高度,使激光依次穿过起偏器、液晶盒、检偏器,打在光电探测器的通光孔上。

(2) 接通主机电源,将光功率计调零,用话筒线连接光功率计和光电转换盒,此时光功率计显示的数值为透过检偏器的光强大小。旋转起偏器至 120°(出厂时已校准过),使其偏振方向与液晶片表面分子取向平行或垂直。旋转检偏器,观察光功率计数值变化。若最大值小于 200 μW,可旋转半导体激光器,使最大透射光强大于 200 μW。旋转检偏器使透射光强达到最小。

(3) 将电压表调至零点,用红黑导线连接主机和液晶盒,从 0 V 开始逐渐增大电压,观察光功率计读数变化,电压调至最大值后归零。

(4) 从 0 开始逐渐增加电压,0～2.5 V 每隔 0.2 V 或 0.3 V 记一次电压及透射光强值,2.5 V 后每隔 0.1 V 左右记一次数据,6.5 V 后再每隔 0.2 V 或 0.3 V 记一次数据,在关键点附近宜多测几组数据。

(5) 作电光曲线图,其中,纵坐标为透射光强值,横坐标为外加电压值。

(6) 根据电光曲线,求出样品的阈值电压 U_{th}、饱和电压 U_r、对比度 D_r 及陡度 β。

(7) 演示黑底白字的常黑型 TN 型液晶显示器。拔掉液晶盒上的插头,光功率计显示为最小,即黑态;将电压调至 6~7 V,连通液晶盒,光功率计显示最大值,即白态。(注:可自配数字或字符型液晶片演示,有选择地在各段电极上施加电压,就可以显示出不同的图案。)

(8) 自配数字存储示波器,可测试液晶样品的电光响应曲线,求得样品的响应时间。

【实验数据分析与处理】

1. 实验数据见下表(仅为参考)

U/V	I /μW	U/V	I /μW	U/V	I /μW	U/V	I /μW	U/V	I /μW
0	3.7	3.36	85.8	4.57	566	5.78	628	7.12	648
0.54	3.6	3.47	100	4.65	575	5.88	630	7.36	650
1.07	3.6	3.56	157	4.77	583	5.97	632	7.28	652
1.54	3.6	3.66	198	4.88	591	6.08	635	7.78	654
1.89	3.6	3.76	218	4.97	597	6.17	637	7.98	655
2.18	3.6	3.87	244	5.07	602	6.28	638	8.17	655
2.55	3.6	3.97	427	5.17	607	6.38	640	8.36	654
2.89	3.6	4.08	505	5.28	612	6.46	642	8.58	657
2.98	7.4	4.18	522	5.38	616	6.58	643	8.93	658
3.07	19.3	4.27	534	5.47	619	6.69	644	9.17	658
3.17	45.8	4.36	545	5.56	622	6.79	645	9.43	659
3.27	70.4	4.47	558	5.68	625	6.91	646	9.88	660

2. 作电光曲线图(图 15-5),由曲线图求阈值电压 U_{th}、饱和电压 U_r、对比度 D_r 和陡度 β 等电光效应的主要参数。

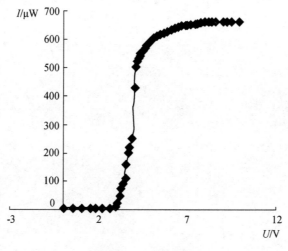

图 15-5 电光曲线

（注：液晶样品受温度等环境因素的影响较大，如 TN 型液晶的阈值电压在(20±20)℃范围内漂移达到 15%～35%，因此每次实验结果有一定的误差为正常情况，也可比较不同温度下液晶样品的电光曲线图。）

【注意事项】

1. 拆装时只压液晶盒边缘，切忌挤压液晶盒中部。保持液晶盒表面清洁，不能有划痕，应防止液晶盒受潮，防止受阳光直射；

2. 驱动电压不能为直流；

3. 人眼切勿直视激光器。

【思考题】

阐述液晶显示器(TN 型液晶显示器)的显示原理。

16　PN 结物理特性测定

半导体 PN 结物理特性是物理学和电子学的重要基础内容之一,利用半导体 PN 结制成的温度传感器以其灵敏度高、线性好、热响应快、体积轻巧著称。尤其是在温度数字化、温度控制以及利用微机进行温度实时信号处理等方面,是热电偶、测温电阻器和热敏电阻等所远远不能及的。因此,研究并掌握 PN 结物理特性,是正确使用 PN 结温度传感器的前提。

波耳兹曼常数是物理学的重要常数,用物理实验地方法测量结扩散电流与结电压的关系,证明此关系符合波耳兹曼分辨率,并较精确地测定波耳兹曼常数,对于进一步理解波耳兹曼分布律的物理意义十分有益。

【实验目的】

1. 室温时,测量 PN 结电流与电压的关系,证明此关系符合波耳兹曼分布律,在不同温度条件下测量波耳兹曼常数。

2. 学习曲线拟合的方法。

3. 学习用运算放大器组成电流-电压变换器测量弱电流。

【实验原理】

1. PN 接物理特性及波耳兹曼常数的测量

由半导体物理学可知 PN 结正向电流 I 与电压 U 的关系满足

$$I = I_S[\exp(eU/kT) - 1]$$

式中,e 为电子电量;U 为 PN 结正向压降;T 为热力学温度;k 为波耳兹曼常数。常温($T=300$ K)下,$kT/e \approx 0.026$,而 PN 结正向压降约为十分之几伏,则 $\exp(eU/kT) \gg 1$,于是有

$$I = I_S \exp(eU/kT) \tag{16-1}$$

式中,I_S 为反向饱和电流,它是一个与 PN 结材料的禁带宽度以及温度等有关的系数。即 PN 结正向电流随正向电压按指数规律变化,若测得 PN 结 I-U 关系,利用式(16-1)可以求出 e/kT,只要测得温度 T 就可以得到 e/k 常数,代入电子电量值,便可求得波耳兹曼常数。

在实际测量中,二极管的正向 I-U 关系虽然满足指数关系,但据此求得的 k 值往往偏小。这是因为通过二极管的正向电流不但有扩散电流,而且还有耗尽层复合电流。耗尽层复合电流正比于 $\exp(eU/mkT)$,表面电流是由 Si 和 SiO_2 界面杂质引起的,其大小正比于 $\exp(eU/mkT)$,通常 $m>2$。因此为了验证 PN 结正向电流按指数规律变化,求出准确的波耳兹曼常数,一般不宜采用硅二极管。通常采用硅三极管,并且接成共基电路。由于共基电路集电极和基极短接,集电极电路中仅仅是扩散电流。复合电流主要在基极出现,测量集电极电流时,

将不包括复合电流。如果在实验时,采用性能良好的硅三极管,同时使电路处于较低的正向偏置,就可以使表面电流的影响降到最低,其影响完全可以忽略不计,实验线路如图 16-1 所示。

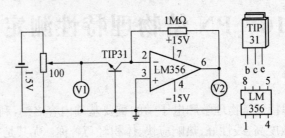

图 16-1　实验电路图

2. 弱电流测量

LF356 是一个具有高输入阻抗集成运算放大器(图 16-2)。

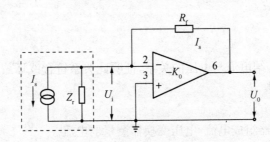

图 16-2　LF356 型运算放大器原理图

用 LF356 组成弱电流放大器(电流—电压变换器),其中虚框内电阻 Z_r 为弱电流放大器等效输入阻抗,运算放大器的输出电压 U_o 为

$$U_o = -K_0 U_i$$

式中,U_i 为输入电压;K_0 为放大器开环(R_f)电压增益;R_f 称为反馈电阻。

因为理想的运算放大器的输入阻抗 r_i,所以信号源输入电流只流经反馈网络构成的通路,因而有

$$I_S = (U_i - U_o)/R_f = U_i(1+K_0)/R_f$$

因此,弱电流放大器的等效输入阻抗为

$$Z_r = U_i/I_S = R_f/(1+K_0) \approx R_f/K_0$$

所以,弱电流放大器输入电流与输出电压之间的关系为

$$I_S = -(U_o/K_0)(1+K_0)/R_f = -U_o(1+1/K_0)R_f = -U_o/R_f$$

显然只要测量输出电压 U_o 和已知的 R_f 值便可求得 I_S 值。

本实验采用的 LF356 型运算放大器,$K_0 = 1 \times 10^5$,输入阻抗 $r_i \approx 10^{12}\ \Omega$。

若 $R_f = 1.0\ \text{M}\Omega$,则 $Z_r = 1.0 \times 10^6/(1+2 \times 10^5) = 5\ \Omega$

若采用四位半 200 mV 电压表,它最后一位变化为 0.01 mV,那么用上述集成运算放大器

能显示的最小电流值为

$$I_{Smin} = 0.01 \times 10^{-3} \text{V}/(1+10^{-6})\Omega = 1 \times 10^{-11}(\text{A})$$

可见集成运算放大器的组成的电流-电压放大器测量弱电流具有输入阻抗小、灵敏度高的特点。

【实验仪器】

PN 结物理特性测试仪、示波器。

【实验内容】

(1) 按接线图连接好仪器(图 16-3)

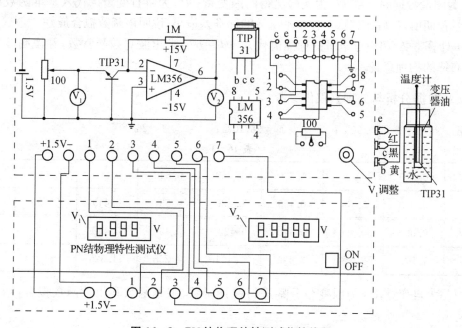

图 16-3 PN 结物理特性测试仪接线图

图 16-3 中 V_1 为三位半数字电压表,V_2 为四位半数字电压表,TIP31 为带散热板的功率三极管,调节电压的分压器为 100 Ω 多圈电位器,为保持 PN 结与周围环境一致,把 TIP31 放在变压器油内,油管下端插在保温杯中,保温杯内放有室温水,油温用温度计测量。

(2) 在室温状态下,测量三极管发射极与基极之间的电压 U_1 和响应电压 U_2,U_1 的值从 0.30 V 调至 0.42 V 范围,每隔 0.01 V 测一组(U_1、U_2)数据,测 10 多组数据,至 U_2 达到饱和时(U_2 的值变化较小或基本不变),结束测量。开始测量和结束测量时,同时记录变压器油的温度 T_1、T_2,求平均温度 $\overline{T}$。

(3) 改变保温瓶内的水温,用搅拌器搅拌至水温与玻璃管内的油温一致时,重复测量 U_1 和 U_2 的关系数据,并与室温测得的数据进行比较。

(4) 曲线拟合求经验公式:运用最小二乘法,将实验数据分别代入线性回归、指数回归、乘幂回归 3 种常用的基本函数,然后求出衡量各回归程序的好坏的标准差 δ。具体做法是对已测

得的各对数据,以 U_1 为自变量,U_2 为因变量,分别代入

① 线性函数 $U_2 = aU_1 + b$;

② 乘幂函数 $U_2 = aU_1^b$;

③ 指数函数 $U_2 = a\exp(bU_1)$。

求出各函数的 a、b 值,得出 3 种函数式。哪一种函数符合物理规律呢？需采用标准差来检验。其方法是把实验测得的各自变量 U_1 分别代入 3 个基本函数,得到相应的因变量的预期值 U_2^*（由计算得到的 a、b 值和 U_1 代入函数式计算得到）,由此求出各函数拟合的标准差:

$$\delta = \sqrt{\frac{\sum\limits_{i=1}^{n}(U_i - U_i^*)^2}{n}}$$

式中,n 为测量数据的个数;U_i 为实验测得的因变量;U_i^* 为将自变量。代入基本函数后得到的因变量预期值,最后比较哪一种基本函数的标准差最小,说明该函数拟合最好。

（5）计算常数,将电子电量的标准值代入 $e/k = bT$,求出波耳兹曼常数,并说明波耳兹曼常数分布律的物理意义。

【实验数据分析与处理】(仅供参考)

室温;　　　　$T_1 = 25.90℃$;　　　　$T_2 = 26.10℃$;　　　　$\overline{T} = 26.00℃$

表 16-1

U_1/V	0.310	0.320	0.330	0.350	0.340	0.360	0.370	0.380
U_2/V	0.073	0.104	0.160	0.230	0.337	0.449	0.733	1.094
U_1/V	0.390	0.400	0.410	0.420.	0.430	0.440		
U_2/V	1.575	2.348	3.495	5.151	7.258	11.325		

以 U_1 为自变量,U_2 为因变量分别进行线性函数、乘幂函数和指数函数拟合,结果如表 16-2所示。

表 16-2

n	U_1/V	U_2/V	线性回归 $U_2 = aU_1 + b$		乘幂回归 $U_2 = aU_1^b$		指数回归 $U_2 = a\exp(bU_1)$	
			U_2^*/V	$U_2 - U_2^*/^2U^2$	U_2^*/V	$U_2 - U_2^*/^2U^2$	U_2^*/V	$U_2 - U_2^*/^2U^2$
1	0.310	0.073	−1.944	4.07	0.082	$8.1×10^{-5}$	0.072	$1.0×10^{-6}$
2	0.320	0.104	−1.264	1.87	0.114	$1.0×10^{-4}$	0.106	$4.0×10^{-6}$
3	0.330	0.160	−0.584	0.55	0.160	0	0156	$16×10^{-6}$
4	0.340	0.230	0.096	0.02	0.227	$9.0×10^{-6}$	0.230	0
5	0.350	0.337	0.775	0.19	0.325	$1.44×10^{-4}$	0.339	$4.0×10^{-6}$
6	0.360.	0.499	1.455	0.91	0.468	$9.61×10^{-4}$	0.500	$1.0×10^{-6}$

续表

n	U_1/V	U_2/V	线性回归 $U_2=aU_1+b$		乘幂回归 $U_2=aU_1^b$		指数回归 $U_2=a\exp(bU_1)$	
			U_2^*/V	$U_2-U_2^*/^2U^2$	U_2^*/V	$U_2-U_2^*/^2U^2$	U_2^*/V	$U_2-U_2^*/^2U^2$
7	0.370	0.733	2.135	1.97	0680	2.81×10^{-3}	0.738	25×10^{-6}
8	0.380	1.094	2.815	2.96	0.999	9.02×10^{-3}	1.807	49×10^{-6}
9	0.390	1.575	3.495	3.69	1.483	8.46×10^{-3}	1.603	7.84×10^{-4}
10	0.400	2.348	4.175	3.34	2.225	1.51×10^{-2}	2.362	1.96×10^{-4}
11	0.410	3.495	4.855	1.85	3.379	13.4×10^{-2}	3.482	1.69×10^{-4}
12	0.420	5.151	5.535	0.15	5.196	2.02×10^{-2}	5.133	3.24×10^{-4}
13	0.430	7.528	6.215	1.72	8.097	0.32	7.566	1.44×10^{-3}
14	0.440	11.325	6.894	19.63	12.795	2.16	11.152	0.029
δ			1.8		0.42		0.048	
r			0.842 7		0.998 6		0.999 9	
a、b			$a=67.99$	$b=23.02$	$a=15.6$	$b=10.37$	$a=44.7$	$b=38.79$

由表 16-2 可以看出,用指数回归拟合最好。这说明了结扩散电流-电压关系遵循波耳兹曼分布律。

由表 16-2 数据可得

$$e/k=bt=38.79\times(273.15+26.00)=1.160\times10^4\text{ CK/J}$$

$$k=\frac{e}{bT}=\frac{1.602\times10^{-19}}{1.160\times10^4}=1.38\times10^{-23}\text{ J/K}$$

此结果与公认值 1.381×10^{-23} J/K 符合得很好。

【注意事项】

1. 数据处理时,起始状态接近或达到饱和状态下的扩散电流应舍去,因为这些数据可能偏离波耳兹曼分布律。

2. 必须在待测 PN 结的温度与环境温度一致时,才能进行 U_1 和 U_2 的测量。本实验的温度范围是 0~50℃,若在其他环境下测量,需配有相应的实验装置。

3. 由于半导体性能上的差异,互换时同台仪器达到饱和时的电压不一定相同。

4. 仪器接有保护装置,地线不接或 ±15 V 接反,一般不会烧坏运算放大器。

5. 本实验数据处理占用的时间较多,建议采用计算机进行数据处理。

【思考题】

同等温度条件下,PN 结电流与电压关系是否符合波耳兹曼分布律?

17 光电效应普朗克常数测定

量子论是近代物理的基础之一，而光电效应则可以给予量子论以直观鲜明的物理图像。随着科学技术的发展，光电效应已广泛用于工农业生产、国防等许多科技领域。普朗克常数 h 公认值为 6.62919×10^{-34}JS，是自然界中一个很重要常数，它可以采用光电效应法简单而又较准确地求出，所以进行光电效应实验并通过实验求取普朗克常数有助于学生理解量子论和更好地认识 h 这个普朗克常数。

【实验目的】

验证光电效应的正确性

【实验仪器】

普朗克常数测定仪、光电管、示波器

【实验原理】

1887 年 H·赫磁在验证电磁波存在时意外发现，一束光入射到金属表面，会有电子从金属表面溢出，这个物理现象称为光电效应。

1888 年以后，W·哈耳瓦克斯、A·T·斯托列托夫、P·勒纳德等人对光电效应做了长时间的研究，并总结出了光电效应的基本规律。

(1) 光电发射效率与光强成正比，如图 17-1(a)和图 17-1(b)所示。

(2) 光电效应存在一个阈频率或称截至频率，当入射光的频率低于某一阈值 U 时，不论光的强度如何，都没有电子产生，如图 17-1(c)所示。

(3) 光电子的功能与光强无关，但与入射的频率成正比，如图 17-1(d)所示。

(4) 光电效应是瞬时效应，一经光线照射，立刻产生光电子。

然而用麦克斯韦的经典理论无法对上述实验事实做出圆满的解释。

1905 年，A·爱因斯坦大胆地把 1900 年 M·普朗克在进行黑体辐射研究过程中提出的辐射能量不连续观点应用于光辐射，并提出了光量子概念，从而给光电效应以正确的理论解释。

对于爱因斯坦的假设，许多学者诸如 A·休斯、普林斯顿大学的 O·理查逊、K·T·康普顿等都做了许多工作，企图验证爱因斯坦的正确性，然而卓有成就的工作应该属于芝加哥大学莱尔逊实验研究的 R·A·密立根。他从 1905 年爱因斯坦的论文问世后就对光电效应开展全面详尽的实验研究，经过十年艰苦卓绝的工作，1916 年密立根发表了论文，详细证实了爱因斯坦方程的正确，并精确测出了普朗克常数 $h = 6.6260 \times 10^{-34}$JS，且与 M·普朗克按黑体辐射率中的计算完全一致。

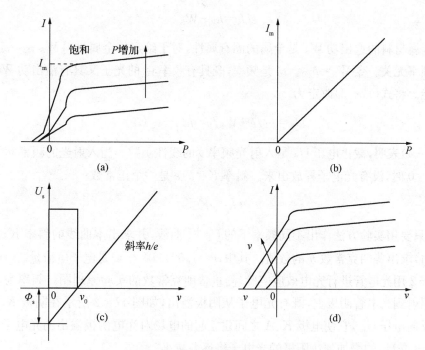

图 17‑1　关于光电效应的几个特性

A・爱因斯坦和 R・A・密立根都因光电效应方面的贡献,分别于 1921 年和 1923 年获得了诺贝尔奖。

爱因斯坦认为一点发出的光不是按麦克斯韦电磁学指出的以连续分布的形式把能量传播到空间,而是频率为 ν 的光以 $h\nu$ 为能量单位的形式一份一份地向外辐射。至于光电效应是具有能量为 $h\nu$ 的一个光子作用于金属中的一个自由电子,并把它的全部能量交给这个电子造成的。如果电子脱离金属表面耗费的能量为 W_s 的话,则由光电效应打出的电子的动能为

$$E = h\nu - W_s \quad \text{或} \quad \frac{1}{2}mu^2 = h\nu - W_s \tag{17-1}$$

式中,h 为普朗克常数,公认值为 6.6260×10^{-34} JS;ν 为入射光的频率;m 为电子的质量;u 为光电子逸出金属表面时的初速度;W_s 为受电子照射的金属逸出功或功函数

在式(17-1)中,$\frac{1}{2}mu^2$ 是没有受到电荷阻止,为从金属中逸出的电子的最大初动能。

由式(17-1)可见,入射到金属表面的光频率越高,逸出的电子最大初动能必然也越大,如图 17-1(d)。正因为光电子具有最大初动能,所以即使阳极不加电压也会有光电子落入而形成电流,甚至阳极相对于阴极的电位低时也会有光电子落到阳极,直到阳极电位低于某一数值时,所以光电子都不能到达阳极,光电流为零。如图 17-1(a)。这个相对于阴极为负值的阳极电位 U_S 被称为光电效应的截止电位或截止电压。

显然此时有

$$eU_S - \frac{1}{2}mu^2 = 0 \tag{17-2}$$

将式(17-2)代入式(17-1)

$$eU_S = h\nu - W_S \qquad (17-3)$$

由于金属材料的逸出功 W_S 是金属的固有属性,对于给定的金属材料 W_S 是一定值,它与入射光的频率无关。令 $W_S = h\nu_0$。ν_0 是频率,既具有频率 ν_0 的光子又具有溢出功 W_S,而没有多余的功能。将式(17-3)改定为

$$U_S = h\nu/e - W_S/e = h(\nu - \nu_0)/e \qquad (17-4)$$

式(17-4)表明,截止电压 U_S 是入射光频率 ν 的线性函数。当入射光的频率 $\nu = \nu_0$ 时,截止电压 $U_S = 0$ 时,没有光电子释放出来。斜率 $K = h/e$ 是一个正常数。

$$h = eK \qquad (17-5)$$

可见,只要用实验方法作出不同频率下的 U_S-ν 曲线,并求出本曲线的斜率 K,就可以通过式(17-4)求出普朗克常数 h 的数值。其中,$e = 1.60 \times 10^{-19}$ C 是电子电荷量。

图 17-2 用光电管进行光电效应实验,测量普朗克常数的实验原理图。频率为 ν,强度为 P 的光线照射到光电管阴极上,既有光电子从阴极溢出,如图 17-2 所示在阴极 K 和阳极 A 之间加有反向电压 U_{ka},它使电极 K、A 之间建立起的电场对光电阴极溢出的光电子起减速的作用,随着电位 U_{ka} 的增加到达阳极的光电子将逐渐减小。

当 $U_{ka} = U_S$ 时电流降为零。如图 17-3 所示的光电管的特性 I-U 特性。在不同频率光照射,可以得到与之相对的 I-U 特性曲线和对应的 U_S 电压值。在直角坐标中作出 U_S-v 关系曲线。如果它是一根直线,则证明爱因斯坦光电效应方程的正确。而由该直线的斜率 K 则可求出普朗克常数($h = eK$)。另外,由该直线与坐标横轴的交点可求出该光电阴极截止频率(ν_0),该直线的延线与坐标纵轴的交点又可求出光电阴极的溢出电位 Φ_k 见图 17-1(c)。必须指出爱因斯坦方程是在同金属作发射的情况下导出的。在用光电管进行光电效应实验,测量普朗克常数时,应考虑接触电位带来的影响。

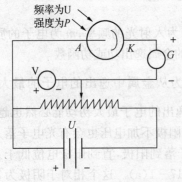
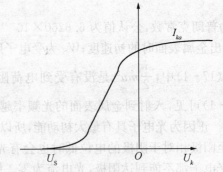

图 17-2 光电效应实验原理图   图 17-3 光电管的起始 I-U 特性

我们知道两种金属接触的地方存在"接触电位差"。接触电位差的大小与这些金属的溢出功有关。光电管大多数用溢出功大的做阳极,而用溢出功小的做阴极。将光电管的电路改画成图 17-2 后可以看出,光电管两极间的电位 U_{ka} 跟两电极之间的溢出电位 Φ_a、Φ_k 及外加电压 U_{ka} 之间有下列关系:

$$U_{ka} = U'_{ka} + \Phi_a - \Phi_k$$

在截止电压情况下

$$U_S = U'_S + \Phi_a - \Phi_k$$

代入式(17-3)得

$$eU'_S + e\Phi_a - e\Phi_k = h\nu - e\Phi_k$$

$$U'_S = h\nu/e - \Phi_a$$

反应到 I-U 特性曲线上是电流做了 ak 平移(图17-4)。

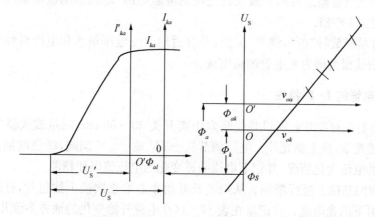

图17-4 光电管极间接触电位差的影响

在用工业光电管来进行此项实验时,由于制作工艺等原因,阳极均沾染上了阴极材料,并且无法去除。此时,可以认为 $\Phi_k = \Phi_a$,并有 $U_S = U'_S$。U_S-ν 与纵横坐标轴的交点可认为是阴极材料的溢出电位 Φ_{sk} 和截止频率 ν_{Ok}。

(1) GDH-1型光电管。阳极为镍圈,阴极为银-氧-钾(Ag-O-K),光谱响应范围3 400—7 000 Å,光窗为无铅多硼硅玻璃,最高灵敏波长为 4 100±100 Å,阳极光敏度约 1 μA/LM,暗电流为 10～12 Å。

为了避免杂散光和外界电磁场对微弱光电流的干扰,光电管安装在铝制暗盒中,暗盒窗口可以放 φ5 mm 的光阑和 φ36 mm 的各种带通滤光片。此外还装有单色仪匹配头,方便操作者从单色仪中取得单色来进行实验。

(2) 光源采用 CX-50WHg 型仪器用作高压汞灯。在 3 032～8 720 Å 的谱线范围内有 3 650Å、4 047 Å、4 358 Å、4 916 Å、5 461 Å、5 770 Å 等谱线可供实验使用。

(3) CX 型滤光片是一组外径为 φ36 mm 的宽带通行有色玻璃组合滤色片。它具有滤选 3 650 Å、4 047 Å、4 358 Å、4 916 Å、5 461 Å、5 770 Å 等谱线能力。

(4) GD-Ⅱ型微电流测量放大器。电流测量范围在 10^6～10^{-13} A,分 6 档十进变换,机内设有稳定度小于 1%,精密连续可调的光电管工作电源,电压量程分－2～0 V、0～24 V 两档,读数精度为 0.001 V,测量放大器可连续工作 8 h 以上。

【实验步骤】

1. 测试前的准备

(1) 认真阅读 CXGD-Ⅱ型普朗克常数测定仪使用说明书中的使用方法和注意事项部分。

(2) 安放好仪器,用遮光罩罩住光电管暗盒的光窗,插上电源预热 20～30 min,然后调整测量放大器的零点和满度。

2. 测量光电管的暗电流

(1) 连接好光电管暗盒与测量放大器之间的屏蔽电缆、地线和阴极电源线。测量放大器"倍率"旋钮置于 ×10⁶ 档。

(2) 顺时针缓慢旋转"电压调节"旋钮,并合适地改变电压量程和电压极性开关。仔细记录从不同电压表读得的即为光电管的暗电流。

3. 测量光电管的 I-U 特性

(1) 让光出射孔对准暗盒窗口并使暗盒距离开关 30～50 cm;测量放大器"倍率"置于 ×10⁻⁶档。取去遮光罩,换上滤光片。电压调节从 −3 V 或 −2 V 调起,缓慢增加。先观察一遍不同滤色片下的电流变化情况,并记下电流明显变化的电压值以使精测。

(2) 在粗测的基础上进行精测。从短波长开始小心地逐次换上滤色片,仔细读出不同频率的入射光照射下的光电流。并记录在表 17-1(在电流开始变化的地方多读几个值)。

(3) 在精度合适的方格纸上(例如 25 cm×20 cm),仔细作出不同波长频率的 I-U 曲线。从曲线中认真找出电流开始变化的"抬头点",确定 l_{ak} 的截止面积 U_S 并记录在表 17-2 中。

(4) 把不同频率下的截止电压描绘在方格纸上。如果光电效应遵从爱因斯坦方程,则 U_S $=f(u)$关系曲线,应该是一直线,并求出直线的斜率 $k=\Delta u_s/\Delta u_c$,代入式(17-5)求出普朗克常数 $h=ek$,并算出所测值与公认值之间的误差。

(5) 改变光源与暗盒距离 L 光阑孔 ϕ,重复做上述实验。

【实验数据分析与处理】

表 17-1   距离 $L=$ cm   光阑孔 $\phi=$ mm

365 nm	Uka(V)									
	1 ka×10⁻¹¹ A									
405 nm	Uka(V)									
	1 ka×10⁻¹¹ A									
436 nm	Uka(V)									
	1 ka×10⁻¹¹ A									

546 nm	Uka(V)							
	1 ka×10^{-11} A							
577 nm	Uka(V)							
	1 ka×10^{-11} A							

表 17-2　距离 $L=$　　cm　　光阑孔 $\phi=$　　mm

波长(nm)	365	405	436	546	577	
频率(×10^{14} Hz)	8.22	7.41	6.88	5.49	5.20	
U_S(V)						

【注意事项】

1. 应小心轻放仪器。
2. 不可在温度变化很大的地方实验。
3. 不可在强磁场或强电场的地方实验。

【思考题】

光电管极间接触电位差对实验有什么影响?

18　不良导体导热系数测定仪

【实验目的】

1. 学会使用 FD - TC - B 型导热系数测定仪。
2. 学会测量不良导体导热系数。

【实验原理】

本仪器所依据的原理是 1882 年由法国数学、物理学家约瑟夫·傅里叶给出的,称热传导的基本公式,又称傅里叶导热方程式。该方程式指出在物体内部垂直于导热方向上两个相距为 h,温度分别为 θ_1、θ_2 的平行平面。若平面面积为 A,在 Δt 秒内,从一个平面传到另一个平面的热量 ΔQ,满足

$$\frac{\Delta Q}{\Delta t} = \lambda \cdot A \cdot \frac{\theta_1 - \theta_2}{h} \tag{18-1}$$

式中,$\Delta Q / \Delta t$ 为传热速率;λ 为该物质的导热系数,亦称热导率。

由此可知,导热系数是一表征物质热传导性能的物理量。其数值等于相距单位长度的两平行面,当温度相差一个单位时,在单位时间内通过单位面积的热量。其单位名称是瓦特每米开尔文,单位为 W/(m·K)。

本仪器的实验装置如图 18 - 1 所示,由上述热传导基本公式可知通过待测样品 B 板的传热速率可写成:

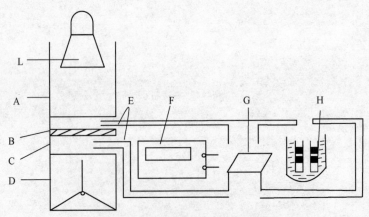

图 18 - 1　不良导体导热系数测定仪示意图

L—红外灯;A—传热筒;B—待测样品;C—黄铜盘;D—支架;
E—热电偶;F—数字电压表;G—开关;H—杜瓦瓶

$$\frac{\Delta Q}{\Delta t} = \lambda \cdot A \cdot \frac{\theta_1 - \theta_2}{h_B} \cdot \pi \cdot R_B^2 \qquad (18-2)$$

式中,h_B 为样品厚度;R_B 为样品圆板的半径;θ_1 为样品圆板上表面的温度;θ_2 为样品圆板下表面的温度;λ 为样品 B 的导热系数。

当传热达到稳定状态时,θ_1 和 θ_2 温度值稳定不变,通过 B 板的传热率与黄铜盘 C 向周围环境的散热速率完全相等。因而可通过黄铜盘 C 在稳定温度 θ_2 时的散热率来求出 $\frac{\Delta Q}{\Delta t}$。实验时,当读得稳态时的 θ_1 和 θ_2 后,即可将样品 B 板取走,让圆筒的底盘与下盘 C 接触,使盘 C 的温度上升到高于 θ_2 若干度后,再将圆筒 A 移去,让黄铜盘 C 作自然冷却,求出黄铜盘在 θ_2 附近时的冷却速率 $\frac{\Delta \theta}{\Delta t}\Big|_{\theta_1=\theta_2}$,则 $mc = \frac{\Delta \theta}{\Delta t}\Big|_{\theta_1=\theta_2}$($m$ 为黄铜盘的质量,c 为黄铜盘的比热)就是黄铜盘 C 在 θ_2 时的散热速率。但由此求出的 $\frac{\Delta \theta}{\Delta t}$ 是黄铜盘 C 的全部表面暴露于空气中的冷却速率,即散热表面积为 $2\pi R_C^2 + 2\pi R_C h_C$,而实验中达到稳态传热时,C 盘的上表面面积 πR_C^2 是被样品所覆盖着的,考虑到物体的冷却速率与它的表面积成正比,校正后,本仪器在稳态时的传热速率

$$\frac{\Delta Q}{\Delta t} = mc \frac{\Delta \theta}{\Delta t} \cdot \frac{\pi R_C^2 + 2\pi R_C h_C}{2\pi R_C^2 + 2\pi R_C h_C} \qquad (18-3)$$

式中,R_C、h_C 分别为黄铜盘 C 的半径与厚度。

式(18-3)代入式(17-2)得

$$\lambda = mc \frac{\Delta \theta}{\Delta t} \cdot \frac{R_C + 2h_C}{2R_C + 2h_C} \cdot \frac{h_B}{\theta_1 - \theta_2} \cdot \frac{1}{\pi R_B^2} \qquad (18-4)$$

式中,R_B、h_B 分别为样品(如橡皮)圆盘的半径和厚度。

【实验仪器】

不良导体导热系数测定仪

【实验内容】

(1) 取下固定螺丝,将橡皮样品放在加热盘与散热盘中间,橡皮样品要求与加热盘散热盘完全对准;要求上下绝热薄板对准加热和散热盘。调节底部的 3 个微调螺丝,使样品与加热盘、散热盘接触良好,但注意不宜过紧或过松。

(2) 按照图 18-1 所示,插好加热盘的电源插头;再将两根连接线的一端与机壳相连,另一有传感器端插在加热盘和散热盘小孔中,要求传感器完全插入小孔中,并在传感器上抹一些硅油或者导热硅脂,以确保传感器与加热盘和散热盘接触良好。在安放加热盘和散热盘时,还应注意使放置传感器的小孔上下对齐。

(3) 接上导热系数测定仪的电源,开启电源后,左边表头首先显示 FDHC,然后显示当时温度,用户可以设定控制温度。设置完成按"确定"键,加热盘即开始加热。右边显示散热盘的当时温度。

(4) 加热盘的温度上升到设定温度值时,开始记录散热盘的温度,可每隔 1 min 记录 1

次,待在 10 min 或更长的时间内加热盘和散热盘的温度值基本不变时,可以认为已经达到稳定状态。记录此时的温度 θ_2。

(5) 按复位键停止加热,取走样品,调节 3 个螺栓使加热盘和散热盘接触良好,再设定温度到 80℃,加快散热盘的温度上升,使散热盘温度上升到高于稳态时的 θ_2 值 20℃左右即可。

(6) 移去加热盘,让散热圆盘在风扇作用下冷却,每隔 10 s 记录一次散热盘的温度示值,由临近 θ_2 值的温度数据中计算冷却速率 $\dfrac{\Delta\theta}{\Delta t}\Big|_{\theta=\theta_2}$。也可以根据记录数据作冷却曲线,用镜尺法作曲线在 θ_2 点的切线,根据切线斜率计算冷却速率。

(7) 根据测量得到的稳态时的温度值 θ_1 和 θ_2 以及在温度 θ_2 时的冷却速率,由公式 $\lambda = mc\dfrac{\Delta\theta}{\Delta t}\Big|_{\theta=\theta_2}\dfrac{(R_\mathrm{P}+2h_\mathrm{P})}{2R_\mathrm{P}+2h_\mathrm{P}}\cdot\dfrac{4h_\mathrm{B}}{\theta_1-\theta_2}\cdot\dfrac{1}{\pi d_\mathrm{B}{}^2}$ 计算不良导体样品的导热系数。

【数据处理与分析】(仅供参考)

样品:橡皮

散热盘比热容(紫铜):$c = 385\ \mathrm{J/(kg\cdot K)}$

参数	1 次	2 次	3 次	4 次	平均值
散热盘质量/g	896.6	897.0	897.8	896.9	897.33
散热盘厚度/mm	7.47	7.65	7.82	7.71	7.66
散热盘直径/mm	130.10	130.12	130.20	130.08	130.13
样品盘厚度/mm	7.24	7.27	7.28	7.26	7.26
样品盘直径/mm	129.80	130.00	129.62	130.02	129.86

稳态时(10 min 内温度基本保持不变)样品上表面的温度示值 $\theta_1 = 70℃$,样品下表面温度示值 $\theta_2 = 49.6℃$。

每隔 10 s 记录一次散热盘冷却时的温度示值如下表:

次数	1	2	3	4	5
$\theta/℃$	52.7	52.3	52.0	51.6	51.3
次数	6	7	8	9	10
$\theta/℃$	51.0	50.6	50.3	50.0	49.7
次数	11	12	13	14	15
$\theta/℃$	49.4	49.1	48.8	48.5	48.2
次数	16	17	18	19	20
$\theta/℃$	48.0	47.7	47.5	47.1	46.9

冷却曲线如图 18-2 所示。

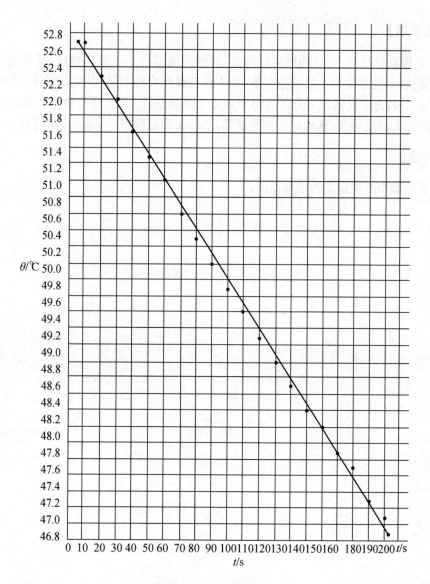

图 18‑2 冷却曲线

由图 18‑2 计算得斜率 $k = 0.031℃/s$

即
$$\frac{\Delta\theta}{\Delta t}\bigg|_{\theta=\theta_2} = 0.031℃/s \tag{18-5}$$

将式(18‑5)代入 $\lambda = 0.89733\,\text{kg} \times 385\,\text{J/(kg·k)} \times 0.031℃ \dfrac{(R_p + 2h_p)}{2R_p + 2h_p} \dfrac{4h_B}{\theta_1 - \theta_2} \dfrac{1}{\pi d_B{}^2}$ 得

$$\lambda = 897.33 \times 10^{-3}\,\text{kg} \times 385\,\text{J/(kg·k)} \times 0.031℃ \times \frac{(65.065\,\text{mm} + 2 \times 7.66\,\text{mm})}{2 \times 65.065\,\text{mm} + 2 \times 7.66\,\text{mm}}$$

$$\times \frac{4 \times 7.26 \times 10^{-3}\,\text{m}}{70℃ - 49.6℃} \times \frac{1}{3.14 \times (129.86 \times 10^{-3}\,\text{m})^2}$$

$$= 0.16\,\text{W/(m·k)}$$

【注意事项】

1. 加热橡皮样品时,为达到稳定的传热,可调节底部的 3 个微调螺丝,使样品与加热盘、散热盘紧密接触,注意中间不要有空气隙,也不要将螺丝旋得太紧,以免影响样品的厚度。

2. 导热系数测定仪铜盘下方的风扇做强迫对流换热用,减小样品侧面与底面的放热比,增加样品内部的温度梯度,从而减小实验误差,所以实验过程中,风扇一定要打开。

【思考题】

试分析实验中产生误差的主要原因。

19   多普勒效应的研究

【实验目的】

1. 研究波源不动，观察相对介质运动时的多普勒效应。验证多普勒频移与运动速度的关系。

2. 应用多普勒频移与速度的关系测定声速。

【实验原理】

1. 波源不动，观察相对介质运动时的多普勒效应

如图 19-1 所示，若观察者开始时处于图中 P 点位置，从波源 S 向观察者发出频率为 f_0、速度为 u 的波，在 dt 时间内经过 P 点的完整波数应为分布在 udt 距离中的波数。现在若观察者在此 dt 时间内迎着波的传播方向以速度 v_1 运动到 P' 点位置，则在 dt 时间内观察者接收到的完整波数是分布在 $(u+v_1)dt$ 距离上的波数。反之，若观察者以 v_2 的速度向远离波源的方向运动时，则在 dt 时间内观察者接收到的完整波数是分布在 $(u-v_2)dt$ 距离上的波数。考虑到波源在介质中是静止的，故综合以上两种情况，由于观察者的运动，观察者接收到的波的频率 f 与波源发出的频率 f_0 的关系应为：

$$f = \frac{u \pm v}{u} \cdot f_0 \tag{19-1}$$

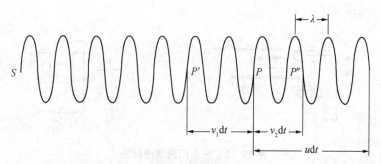

图 19-1   观察运动时的多普勒效应

在式（19-1）中当观察者是迎着波的传播方向运动时，我们规定 v 的符号取"+"，向远离波源的方向运动时规定 v 的符号取"-"。显然，当观察者迎着波的传播方向运动时观察到波的频率比原来高，而观察者远离波源的方向运动时则观察到波的频率比原来低。若规定多普勒频移 $\Delta f = f - f_0$，则由式（19-1）可解得：

$$\frac{\Delta f}{f_0} = \frac{\pm v}{u} \tag{19-2}$$

从式(19-2)中根据 v 方向的不同,可以得到不同的 Δf 的符号,反之根据 Δf 的符号亦可判别 v 的方向。

2. 用多普勒效应测声速的原理及空气中声速的理论值推算

根据式(19-2),我们知道观察者运动速度 v 的大小与所测得的多普勒频移 Δf 成正比。当已知声源的频率 f_0 后,根据式(19-2)即可算出声速 u。为了测量的精确,我们可测多组 Δf-v 的数据,然后用作图法或逐差求得 Δf-v 关系的斜率,进而求得声速 u。

在空气中声速的理论推算可按如下所述方法求得:

设空气为理想气体,则声速与温度的关系为 $u = \sqrt{\gamma RT/M}$,其中 $\gamma = c_p/c_v$ 为气体比热容比(空气中 $\gamma \approx 1.4$),R 为普适气体常量,$R = 8.31\ \text{J} \cdot \text{mol}^{-1} \cdot \text{K}^{-1}$,$M = 2.89 \times 10^{-2}\ \text{kg} \cdot \text{mol}^{-1}$ 为 0℃ 时摩尔气体质量,T 为绝对温标,换成摄氏温标 t,则 $T = 273 + t\ ℃$。把以上数据代入并代简后可得温度 t℃ 时的声速理论值为

$$u = 331\sqrt{\frac{273+t}{273}}\ \text{m/s} \tag{19-3}$$

3. 用光电门测物体运动速度的方法

在运动物体上有一个 U 形挡光片,当它以速度 v 经过光电门时(图 19-2(a)),U 形挡光片两次切断光电门的光线。设挡光片的挡光前沿间距为 Δx(图 19-2(b)),两次切断光线的时间间隔被光电计时器记下为 Δt,则在此时间间隔中物体运动的速度 v 的平均值为

$$\bar{v} = \frac{\Delta x}{\Delta t} \tag{19-4}$$

若挡光片的挡光前沿间距 Δx 比较小,则时间间隔 Δt 也就较小,此时速度的平均值 $\bar{v}$ 就近似可作为即时速度 v。

图 19-2　光电门测速原理图

【实验仪器】

多普勒效应实验仪:仪器主机、滑轨、运动小车、滑轮、勾码等。其中滑轨两端分别有超声发射头和红外信号接收头;小车上有超声接收头和红外信号发射头。实验时要把小车上的超声头始终对着滑轨一端的超声发射头的方向。

实验前请将小车充电 10 min。仪器主机面板上有一个液晶显示屏，可用于显示实验状态和测量结果。实验开始时，主机接通电源后，按下面板上的"上"或"下"按钮即可出现实验的主菜单，共分"仪器参数设定"、"光电门测速对比"和"多普勒效应实验" 3 部分。根据不同的实验情况，在此主菜单的基础上还能出现进一步的子菜单。

【实验内容】

1. 前期准备

先给小车充电 10 min，打开主机电源，液晶屏显示出主菜单后，再通过按仪器主机上的"上"或"下"选择按钮，把屏幕光标移动到"仪器参数设定"位置，再按一下"OK"键予以确认，屏幕上就出现要求输入环境温度 t 的二级菜单界面，这时实验者需把当时环境的摄氏温度输入，仪器可据此作为计算声速 u 的依据。

此外，实验者还需在此二级菜单中设定挡光片的宽度 Δx 该值默认为 9 cm，若不符应输入新的值修改。

至此仪器前期准备已经完成，可进入下一步的实验。

2. 用光电门验证多普勒效应和测声速

在仪器主菜单上，按动面板上的上、下按钮，选择"光电门测速对比"一项，然后按下"OK"按钮确认。屏幕就会出现"状态-开始"的提示符，再按动"上"、"下"按钮把屏幕上的光标移到"开始"位置按"OK"键，将小车定在导轨一侧并挂上钩码，松开小车，当小车运动到滑轨中部光电门位置时仪器获得测量值，显示与此速度对应的多普勒频移，运动完成后屏幕会出现如下字样：

返回		
Δt	v	Δf
Xxx	$x.xx$	xxx

屏幕中"Δt"下对应的是物体（U 形挡光片）经过光电门时的时间间隔，单位是"ms"；屏幕中"v"下对应的是物体运动的速度，这是根据光门的计时"Δt"和 U 型挡光片的两个挡光前沿间的距离"ΔX"及前面的式（19-4）计算出来的（v 的单位是 m/s）。屏幕中"Δf"下对应的则是多普勒频移。"Δf"的符号有正负之分，表示了物体运动的不同方向。可以根据式（19-2）计算速度与屏幕上的"v"进行比较并估算相对误差。

分别改变不同的小车运动速度，以比较不同的速度下的多普勒效应，将有关的测量数据列表进行处理并作出速度与多普勒频移的线性图。（每次重新测量都需选择"返回"，然后在主菜单中选择"光电门测速"的项目）

根据式（19-2），将信号频率"f_0"和不同的速度"v"与相应的频移"Δf"代入式（19-2），可列表或作图计算出空气中的超声声速 u。

（说明：光电门测出的是近似速度，多普勒频移测的是即时速度，两者有一定偏差。）

3. 应用多普勒效应测定声速和加速度

在主菜单中选择"多普勒效应实验"项目。接着屏幕上就会出现要求设定"采样次数"和"采样间隔"及"开始"的二级菜单。可以按动上、下按钮选择采样次数在 8～150 之间，采样的时间间隔可选 10～30 ms 之间。（具体的步距需参照小车运动的速度和采样的次数来确定。建议采样点数和步距的乘积小于 400 ms）

设定完成后，固定小车在导轨一端，上钩码。按动上、下按钮把屏幕上的光标移到"开始"位置，再按下仪器面板上的"OK"按钮确认，松开小车使其在勾码的拉力下从滑轨的一端向另一端做加速运动。

在屏幕上移动光标，可逐条阅读各测量点的时间、频移数据和对应的速度、加速度。光标移到上部有两个选择："绘图"或"返回"。选择"绘图"再按"OK"，屏幕就会出现"选择曲线"和"返回"的三级菜单。在供选择的曲线中有"$v-\Delta f$"和"$v-t$"两种关系曲线图。前者反映了接受信号的物体运动速度与多普勒频移的关系，后者为物体运动的加速度曲线。若按"返回"则退出这项实验内容。把上面表格的数据记录下来后用方格纸作图或用逐差法处理，也可计算出空气中的声速，并与式(19-3)中的理论值比较估算相对误差。

4. 验证牛顿第二定律

验证牛顿第二定律的实验方法与"应用多普勒效应测定声速和加速度"的实验方法相同。只是改变不同的勾码，通过滑轨另一端的滑轮用细线与小车相连。再把仪器液晶屏上的光标移到"开始"位置，然后按下"OK"键，使运动小车在不同的勾码的拉力下从滑轨的一端向另一端做加速运动。运动完成后，液晶屏幕上会出现如下字样：

绘图		返回	
t	Δf	V	a
xxx	xxx	Xxx	xxx
xxx	xxx	Xxx	xxx
xxx	xxx	Xxx	xxx
…	…	…	…

用逐差法算出在此情况下的平均加速度 $\bar{a}_1$。假设这时勾码的质量为 m_1，而运动小车和上面的无线接收-转发器的总质量为 M，运动阻力为 f_r，则根据牛顿第二定律应有

$$m_1g-f_r=(M+m_1)a_1 \tag{19-5}$$

由此可先推算出小车运动的阻力 f_r。再改变勾码的质量为 m_2 重复刚才的实验，在新的情况下测出新的加速度 $\bar{a}_2$。把 f_r 的值代入，按牛顿第二定律算得的加速度 a_2

$$a_2=\frac{m_2g-f_r}{M+m_2} \tag{19-6}$$

把式(19-6)的计算结果与屏幕上给出的加速度的平均值 $\bar{a}_2$ 比较，估算测量的相对误差。

【实验数据分析与处理】

多普勒效应的验证与声速的测量 $f_0=$

测量数据							直线斜率 $k/(1/m)$	声速测量值 $u=f_0/k/(m/s)$	声速理论值 $u_0/(m/s)$	百分误差 $(u-u_0)/u_0$
次数	1	2	3	4	5	6				
$v_n/(m/s)$										

【注意事项】

1. 实验前要认真阅读实验内容,并按实际的环境温度设定温度。
2. 实验前要使用充电器给小车充电。
3. 小车应离开导轨两端的红外及超声头 10 cm 以上以免受到干扰。

【思考题】

实验中有哪些因素会导致实验数据出现误差?

20　傅里叶分解与合成

【实验目的】

1. 用 RLC 串联谐振方法将方波分解成基波和各次谐波,并测量它们的振幅与相位关系。
2. 将一组振幅与相位可调正弦波由加法器合成方波。
3. 了解傅里叶分解的物理含义和分析方法。

【实验原理】

1. 数学基础

任何具有周期为 T 的波函数 $f(t)$ 都可以表示为三角函数所构成的级数之和,即

$$f(t) = \frac{1}{2}a_0 + \sum_{n=1}^{\infty}(a_n\cos n\omega t + b_n\sin n\omega t) \tag{20-1}$$

式中,T 为周期;ω 为角频率,$\omega = \dfrac{2\pi}{T}$;第一项 $\dfrac{a_0}{2}$ 为直流分量。

所谓周期性函数的傅里叶分解就是将周期性函数展开成直流分量、基波和所有 n 阶谐波的选加。如图 20-1 所示的方波可以写成

$$f(t) = \begin{cases} h & \left(0 \leqslant t < \dfrac{T}{2}\right) \\ -h & \left(-\dfrac{T}{2} \leqslant t < 0\right) \end{cases} \tag{20-2}$$

此方波为奇函数,它没有常数项。数学上可以证明此方波可表示为

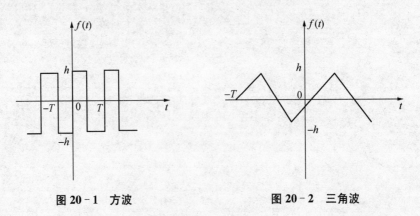

图 20-1　方波　　　　　　　　　图 20-2　三角波

$$f(t) = \frac{4h}{\pi}\left(\sin\omega t + \frac{1}{3}\sin3\omega t + \frac{1}{5}\sin5\omega t + \frac{1}{7}\sin7\omega t + \cdots\cdots\right)$$

$$= \frac{4h}{\pi}\sum_{n=1}^{\infty}\left(\frac{1}{2n-1}\right)\sin[(2n-1)\omega t] \tag{20-3}$$

同样,对于如图 20-2 所示的三角波也可以表示为

$$f(t)=\begin{cases}\dfrac{4h}{T}t & \left(-\dfrac{T}{4}\leqslant t<\dfrac{T}{4}\right)\\[2ex] 2h\left(1-\dfrac{2t}{T}\right) & \left(\dfrac{T}{4}\leqslant t<\dfrac{3T}{4}\right)\end{cases} \tag{20-4}$$

$$f(t) = \frac{8h}{\pi^2}\left(\sin\omega t - \frac{1}{3^2}\sin3\omega t + \frac{1}{5^2}\sin5\omega t - \frac{1}{7^2}\sin7\omega t + \cdots\cdots\right)$$

$$= \frac{8h}{\pi^2}\sum_{n=1}^{\infty}(-1)^{n-1}\frac{1}{(2n-1)^2}\sin(2n-1)\omega t \tag{20-5}$$

2. 周期性波形傅里叶分解的选频电路

用 RLC 串联谐振电路作为选频电路,对方波或三角波进行频谱分解。在示波器上显示这些被分解的波形,测量它们的相对振幅。还可以用一参考正弦波与被分解出的波形构成李萨如图形,确定基波与各次谐波的初相位关系。

本仪器具有 1 kHz 的方波和三角波供做傅里叶分解实验,方波和三角波的输出阻抗低,可以保证顺利地完成分解实验。实验原理图如图 20-3 所示。这是一个简单的 RLC 电路,其中 R、C 是可变的。L 一般取 0.1~1 H 范围。

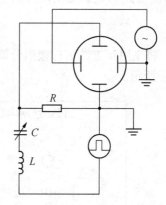

图 20-3 波形分解的 RLC 串联电路

当输入信号的频率与电路的谐振频率相匹配时,此电路将有最大的响应。谐振频率 $\omega_0 = \dfrac{1}{\sqrt{LC}}$。这个响应的频带宽度以 Q 值来表示,$Q = \dfrac{\omega_0 L}{R}$。当 Q 值较大时,在 ω_0 附近的频带宽度较狭窄,所以实验中应该选择 Q 值足够大,大到足够将基波与各次谐波分离出来。

如果调节可变电容 C,在 $n\omega_0$ 频率谐振,将从此周期性波形中选择出这个单元。它的值为:$U(t) = b_n\sin n\omega_0 t$,这时电阻 R 两端电压为 $U_R(t) = I_0 R\sin(n\omega_0 t + \varphi)$,式中,$\varphi = \arctan\dfrac{X}{R}$;$X$ 为串联电路感抗和容抗之和;$I_0 = \dfrac{b_n}{Z}$;Z 为串联电路的总阻抗。

在谐振状态 $X=0$ 时,阻抗 $Z = r + R + R_L + R_C = r + R + R_L$,其中,$r$ 为方波(或三角波)电源的内阻;R 为取样电阻;R_L 为电感的损耗电阻;R_C 为标准电容的损耗电阻(R_C 值常因较小而忽略)。电感用良导体绕制而成,由于趋肤效应,R_L 的数值将随频率的增加而增加。实验证明碳膜电阻及电阻箱的阻值在 1~7 kHz 范围内,阻值不随频率变化。

3. 傅里叶级数的合成

仪器可提供振幅和相位连续可调的 1、3、5、7 kHz 等 4 组正弦波。如果将这 4 组正弦波的初相位和振幅按一定要求调节好以后，输入到加法器，叠加后，就可以分别合成出方波、三角波等波形。

【实验仪器】

傅里叶分解与合成、示波器、电阻箱、电容箱、电感。

【实验内容】

1. 方波的傅里叶分解

（1）先确定 RLC 串联电路对 1、3、5 kHz 正弦波谐振时的电容值 C_1、C_3、C_5，并与理论值进行比较。实验中，观察在谐振状态时，电源总电压与电阻两端电压的关系。可从李萨如图为一直线，说明此时电路显示电阻性，接线图如下。（电感 $L=0.1$ H（标准电感），理论值 $C_i=\dfrac{1}{\omega_i^2 L}$）

（2）将 1 kHz 方波进行频谱分解，测量基波和 n 阶谐波的相对振幅和相对相位，接线图如图 20-4 所示。

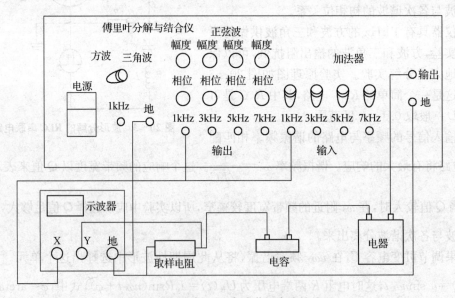

图 20-4　确定 RLC 电路谐振电容接线图

将 1 kHz 方波输入到 RLC 串联电路，如图 20-5 所示。然后调节电容值至 C_1、C_3、C_5 值附近，可以从示波器上读出只有可变电容调在 C_1、C_3、C_5 时产生谐振，且可测得振幅分别为 b_1、b_3、b_5（这里只需比较基波和各次谐波的振幅比，所以只要读出同一量程下示波器上的峰值高度即可）；而调节到其他电容值时，却没有谐振出现。

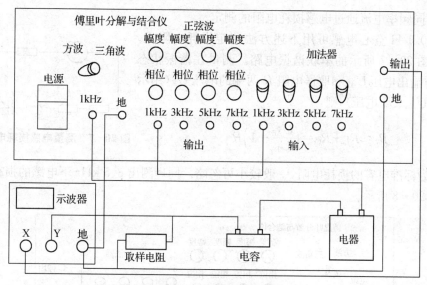

图 20 - 5　频谱分解接线图

（3）相对振幅测量时，用分压原理校正系统误差。

若 b_3 为 3 kHz 谐波校正后振幅，b'_3 为 3 kHz 谐波未被校正时振幅，R_{L1} 为 1 kHz 使用频率时损耗电阻，R_{L3} 为 3 kHz 使用频率时损耗电阻，r 为信号源内阻，则

$$b_3 : b'_3 = \frac{R}{R_{L1}+R+r} : \frac{R}{R_{L3}+R+r}$$

$$b_3 = b'_3 \times \frac{R_{L3}+R+r}{R_{L1}+R+r}$$

① 测量方波信号源的内阻 r。先直接将方波信号接入示波器，读出峰值；再将一电阻箱接入电路中，调节电阻箱，当示波器上的幅度减半时，记下电阻箱的值，此值即为 r。接线图如图 20- 6 所示。

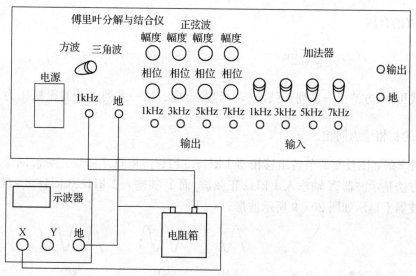

图 20 - 6　测量信号源内阻电路图

② 不同频率电流通过电感损耗电阻的测定。

对于 0.1 H 空心电感可用下述方法测定损耗电阻 R。接一个如图 20-7 所示的串联谐振电路。测量在谐振状态时,信号源输出电压 U_{AB} 和取样电阻 R 两端的电压 U_R(用示波器测量 U_{AB}、U_R 电压),则:

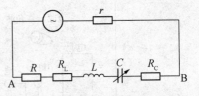

图 20-7　测量电感损耗电阻原理图

$$R_L \approx R_L + R_C = \left(\frac{U_{AB}}{U_R} - 1 \right) R$$

式中,R_C 为标准电容的损耗电阻,一般较小可忽略。同理测出 3、5 kHz 下电感的损耗电阻,接线图如图 20-8 所示。

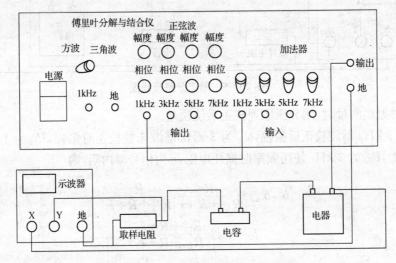

图 20-8　测量电感损耗电阻接线图

2. 傅里叶级数合成

1) 方波的合成

$$f(x) = \frac{4h}{\pi} \left(\sin\omega t + \frac{1}{3}\sin3\omega t + \frac{1}{5}\sin5\omega t + \frac{1}{7}\sin7\omega t + \cdots \right)$$

由上式可知,方波由一系列正弦波(奇函数)合成。这一系列正弦波振幅比为 $1 : \frac{1}{3} : \frac{1}{5} : \frac{1}{7}$,它们的初相位为同相。

(1) 用李萨如图反复调节各组移相器 1 kHz、3 kHz、5 kHz、7 kHz 正弦波同位相。

调节方法是示波器 X 轴输入 1 kHz 正弦波,而 Y 轴输入 1 kHz、3 kHz、5 kHz、7 kHz 正弦波在示波器上显示如图 20-9 所示波形。

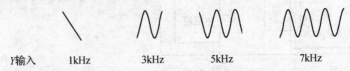

Y输入　　　1kHz　　　　3kHz　　　　5kHz　　　　7kHz

图 20-9　基波和各次谐波与参考信号相位差都为 π 时的李萨如图

此时,基波和各阶谐波初相位相同。也可以用双踪示波器调节 1 kHz、3 kHz、5 kHz、7 kHz 正弦波初相位同相。

(2) 调节 1 kHz、3 kHz、5 kHz、7 kHz 正弦波振幅比为 $1 : \dfrac{1}{3} : \dfrac{1}{5} : \dfrac{1}{7}$。

(3) 将 1 kHz、3 kHz、5 kHz、7 kHz 正弦波逐次输入加法器,观察合成波形变化。

2) 三角波的合成

三角波傅里叶级数表示式:

$$f(t) = \frac{8h}{\pi^2}\left(\frac{\sin\omega t}{1^2} - \frac{\sin 3\omega t}{3^2} + \frac{\sin 5\omega t}{5^2} - \frac{\sin 7\omega t}{7^2} + \cdots\cdots\right)$$

(1) 将 1 kHz 正弦波从 X 轴输入,用李萨如图形法调节各阶谐波移相器调节初相位为如图 20 - 10 所示图形。

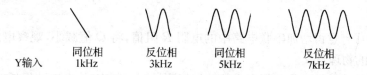

| Y输入 | 同位相
1kHz | 反位相
3kHz | 同位相
5kHz | 反位相
7kHz |

图 20 - 10　相邻谐波相位相差 π

(2) 调节基波和各阶谐波振幅比为:$1 : \dfrac{1}{3^2} : \dfrac{1}{5^2} : \dfrac{1}{7^2}$。

(3) 将基波和各阶谐波输入加法器,输出接示波器,可看到合成的三角波图形。

【实验数据分析与处理】

1. 方波的傅里叶分解

表 20 - 1　频谱分解实验数据

谐振频率/kHz	1	无谐振	3	无谐振	5
谐振时电容值 $C_i/\mu\mathrm{F}$		C_1 和 C_3 之间		C_3 和 C_5 之间	
相对振幅/cm		—		—	
李萨如图	╱	—	∧	—	∧∧∧
与参考正弦波位相差	π	—	π	—	π

表 20 - 2　电感损耗电阻实验数据

取样电阻 $R=$ ＿＿＿＿＿ Ω;信号源内阻测量得 $r=$ ＿＿＿＿＿ Ω;电感 $L=0.1\ \mathrm{H}$。

使用频率 f/kHz	损耗电阻 R_L/Ω
1.00	
3.00	
5.00	

校正后基波和谐波的振幅比为＿＿＿＿＿＿＿。

2. 傅里叶级数合成

合成谐波	1kHz	1 kHz,3 kHz	1 kHz,3 kHz,5 kHz	1 kHz,3 kHz,5 kHz,7 kHz
合成波形				

实验结果分析:_____。

【注意事项】

1. 分解时,观测各谐波相位关系,可用仪器提供的 1 kHz 正弦波做参考。

2. 合成方波时,当发现调节 5 kHz 或 7 kHz 正弦波相位无法调节至同相位时,可以改变 1 kHz 或 3 kHz 正弦波相位,重新调节最终达到各谐波同相位。

【思考题】

1. 实验中可有意识增加串联电路中的电阻 R 阻值,将 Q 值减小,观察电路的选频效果,从中理解 Q 值的物理意义。

2. 良导体的趋肤效应是怎样产生的? 如何测量不同频率时,电感的损耗电阻? 如何校正傅里叶分解中各次谐波振幅测量的系统误差?

3. 用傅里叶合成方波过程证明,方波的振幅与其基波振幅之比为 $1:\dfrac{4}{\pi}$。

21 光的等厚干涉仪

牛顿环是物理光学中研究等厚干涉现象的典型实验之一,该实验通常可用于测量透镜的曲率半径,检验待测物体平面或球面的质量和其表面的粗糙度。牛顿环和劈尖干涉都是分振幅干涉。

【实验目的】

1. 观察等厚干涉现象,认识其特点。
2. 用干涉法测量透镜的曲率半径。
3. 熟悉测量显微镜的使用方法。

【实验原理】

一个曲率半径很大的平面玻璃透镜 A,其凸面朝下放在平面光学玻璃板 B 上,如图 21-1 所示,两者之间形成一同心环带状空气膜。若对透镜投射单色光,则空气膜下缘面与上缘面的两束反射光就会因存在一定的光程差而相互干涉。从透镜侧俯视,干涉图样是以两玻璃接触点为圆心的一系列明暗相间的同心圆环,这就是牛顿环,它就是等厚干涉。即与接触点等半径处空气膜厚度相同的各点都处于同一条纹上,如图 21-2 所示。根据图 21-1,设透镜的曲率半径为 R,第 m 条纹接触点 O 的半径为 r_m,其相应空气膜厚度为 d_m,则它们的几何关系为

$$R^2 = (R - d_m)^2 + r_m^2 = R^2 - 2Rd_m + d_m^2 + r_m^2$$

化简后得

$$r_m^2 = 2d_m R - d_m^2$$

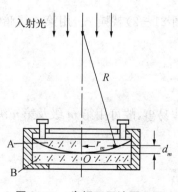

图 21-1 牛顿环干涉原理图

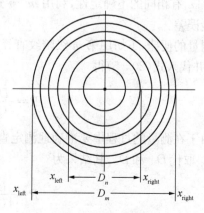

图 21-2 牛顿环

式中,$R \gg d_m$,故可略去二级无穷小量 d_m^2,则有

$$d_m = \frac{r_m^2}{2R} \tag{20-1}$$

由光路可知,与 m 级干涉圆环对应的两束相干光的光程差为

$$\delta_m = 2d_m + \frac{\lambda}{2} \tag{20-2}$$

式中,$\frac{\lambda}{2}$ 是空气膜下缘面的反射光线由光疏介质到光密介质在界面反射时引起一相位为 π 的改变,因而引起附加光程差。

由干涉的暗纹条件

$$\delta_m = (2m+1)\frac{\lambda}{2} \qquad m = 0,1,2,3,\cdots \tag{20-3}$$

由式(20-1)和式(20-3)解得

$$R = \frac{r_m^2}{m\lambda} \tag{20-4}$$

如果入射光的波长 λ 已知,只要确定暗环的级数 m,测定 m 级暗环的半径 r_m,则透镜的曲率半径 R 即可求得。但是由于两面镜的接触点之间难免存在细微的尘埃,使光差难以准确确定,中央暗点有可能变为亮点或若明若暗。再者,接触压力引起的玻璃形变会使接触点扩大形成一个接触面,以致接近圆心处的干涉条纹则是宽且模糊的。这就给级数 m 带来某种程度的不确定性。为了获得比较准确的测量结果,可以用两个暗环半径 r_m 和 r_n 平方差来计算曲率半径 R。

$$r_m^2 = mR\lambda, \qquad r_n^2 = nR\lambda$$

得

$$r_m^2 - r_n^2 = (m-n)R\lambda$$

故

$$R = \frac{r_m^2 - r_n^2}{(m-n)\lambda} \tag{20-5}$$

因 m 和 n 有相同的不确定性,利用 $m-n$ 这一相对级次恰好消除由绝对级次的不确定性带来的实验误差。

为了测量的便捷,不妨用第 m 级暗纹直径 D_m(图 21-2)替换 r_m,用第 n 级暗纹直径 D_n 来替换 r_n,并代入式(20-5)得

$$R = \frac{D_m^2 - D_n^2}{4(m-n)\lambda} \tag{20-6}$$

但是由于在测量的过程中要准确地测定直径并非易事,故可用第 m 级及第 n 级暗环的弦长 L_m 及 L_n 取代 D_m 和 D_n,其结果为

$$R = \frac{L_m^2 - L_n^2}{4(m-n)\lambda} \tag{20-7}$$

此结果同学们可自行证明。

【实验仪器】

读数显微镜的结构如图 21-3 所示,它由 2 个主要部件构件构成:一个是用来观看被测物体放大像的带十字叉丝的显微镜;另一个是用来读数的螺旋测微计装置。螺旋测微计由主尺和测微鼓轮组成。主尺是毫米刻度尺,螺旋测微计的丝杆螺距为 1 mm,测微鼓轮的周界上等分为 100 个分格,每转一个分格,显微镜移动 0.01 mm。转动测微鼓轮使显微镜移动的距离,可从主尺即标尺上的指示值加上测微鼓轮的读数而得到。注意:读数精确到 0.01 mm,估读到 0.001 mm。

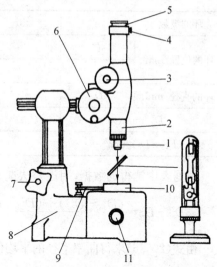

图 21-3　测牛顿环仪的装置图
1—物镜;2—镜筒;3—镜筒高度微调鼓轮;4—目镜锁紧螺钉;5—目镜;6—测微鼓轮;7—镜筒高度精调鼓轮;8—底座;9—弹簧压片;10—牛顿环;11—反光镜调节轮

【实验内容】

(1) 把玻璃瓶凸透镜凸面向下与平面光学玻璃组装在一金属框架里构成牛顿环仪。轻微转动圆形框架上的 3 个调节螺钉,使干涉条纹的中心大致固定在凸透镜的光轴上,但是绝对不要将这 3 个螺钉拧得过紧,以免玻璃变形甚至破裂,同时不要用手接触以避免使之污染。

(2) 把牛顿环仪放在测量显微镜筒下的载物台上,调节支持镜筒的立柱,使镜筒有适当高度。调节镜筒分光玻璃片的倾斜度,并使其与光源方向成 45°角,钠光经分光玻璃片反射后射入牛顿环仪,显微镜视场应均匀充满钠黄光,如图 21-3 所示。

(3) 先转动目镜对十字叉丝聚焦,再转动目镜筒,使其中一根叉丝与镜筒移动方向平行。

(4) 使显微镜镜筒在载物台上方左右居中,再摆正牛顿环仪。转动调焦手轮向上微调镜筒使其对牛顿环图像聚焦,并且消除视差(使叉丝与图像处于同一平面内)。

(5) 调整光路完毕后,若视场左右均能见到 40 环以上即可开始测量,否则可调节钠光灯的位置再观察。转动测微鼓轮,使镜筒从中心向任意一侧移动(例如向右)同时数出叉丝扫过的环数,直到 35 环后,再转向另一侧(向左)移动,在叉丝分别达到 30、29、28、28、26、20、19、18、17、16 环位置时,记录各种环在标尺中的位置,紧接着记录中心另一侧 16、17、18、19、20、26、27、28、29、30 各环位置。注意在测量过程中绝对禁止中途逆向转测微鼓轮,否则应从头开始。

【实验数据处理与分析】

实验数据填入表 21-1。

表 21-1

环的级数	m	30	29	28	27	26
环的位置/mm	右					
	左					
环的直径/mm	D_m					
D_m^2/mm						

续表

环的级数	n	20	19	18	17	16
环的位置/mm	右					
	左					
环的直径/mm	D_n					
D_n^2/mm^2						
$(D_m^2 - D_n^2)/\mathrm{mm}^2$						

根据表中测得的数据,用逐差法选 $m-n=10$,得出 5 组 $D_m^2-D_n^2$ 的数值,然后求其平均值

$$D_m^2 - D_n^2 = \frac{(D_{30}^2 - D_{20}^2) + (D_{29}^2 - D_{19}^2) + (D_{28}^2 - D_{18}^2) + (D_{27}^2 - D_{17}^2) + (D_{26}^2 - D_{16}^2)}{5}$$

由式(20-6)求得曲率半径的平均值

$$\overline{R} = \frac{D_m^2 - D_n^2}{40\lambda} = \underline{\hspace{2cm}} \mathrm{mm}$$

$\overline{R}$ 的标准差

$$\sigma_{\overline{R}} = \sqrt{\frac{\sum_{i=1}^{s}(R_i - \overline{R})^2}{5 \times 4}} = \underline{\hspace{2cm}} \mathrm{mm}$$

式中,

$$R_i = \frac{D_m^2 - D_n^2}{40\lambda};$$

$$R = \overline{R} \pm \sigma_{\overline{R}} = \underline{\hspace{2cm}} \mathrm{mm}_\circ$$

【注意事项】

1. 如果干涉条纹太浅,则应调节显微镜下部的反光镜或稍微拧一下牛顿仪上的螺钉。

2. 实验完毕后,应旋松牛顿仪上的螺钉,以防透镜受压变形。

3. 如果钠光灯点燃后中途熄灭,宜稍后待数分钟后方能重新点燃。

【思考题】

1. 牛顿环干涉条纹的中心在什么情况下是暗的? 而又在什么情况下是亮的? 中心干涉条纹是高级次,还是低级次,为什么?

2. 在实验中测 D 时,叉丝交点不通过圆环的中心,对实验结果有什么影响?

3. 读数显微镜测量的是牛顿环的直径还是显微镜内牛顿环的放大像的直径? 改变显微镜放大倍数,是否会影响测量的结果?

4. 透射光的牛顿环是如何形成的? 如何观察? 它与反射光的牛顿环在明暗上有何关系? 为什么?

22　光栅衍射实验

光栅是一种重要的分光元件,是一些光谱仪器(如单色仪、光谱仪)的核心部分,它不仅用于光谱学,还广泛用于计量、光通信及信息处理等方面。

【实验目的】

1. 熟悉分光计的调整和使用。
2. 观察光线通过光栅后的衍射现象。
3. 掌握用光栅测量光波长及光栅常数的方法。

【实验原理】

光栅是根据多缝衍射原理制成的一种分光元件,它能产生谱线间距离较宽的匀排光谱。所得光谱线的亮度比棱镜分光时要小一些,但光栅的分辨本领比棱镜大。

光栅不仅适用于可见光,还能用于红外和紫外光波,常用于光谱仪上。

光栅在结构上有平面光栅、阶梯光栅和凹面光栅等几种,同时又分为透射式和反射式两类。本实验选用透射式平面刻痕光栅或全息光栅。

透射式平面刻痕光栅是在光学玻璃片上刻画大量互相平行,宽度和间距相等的刻痕制成的。当光照射在光栅面上时,刻痕处由于散射不易透光,光线只能在刻痕间的狭缝中通过。因此,光栅实际上是一排密集均匀而又平行的狭缝。

若以单色平行光垂直照射在光栅面上,则透过各狭缝的光线因衍射将向各个方向传播,经透镜会聚后相互干涉,并在透镜焦平面上形成一系列被相当宽的暗区隔开的间距不同的明条纹。

按照光栅衍射理论,衍射光谱中明条纹的位置由下式决定:

$$(a+b)\sin\varphi_k = \pm k\lambda$$

或 $\qquad\qquad\qquad d\sin\varphi_k = \pm k\lambda \qquad (k=0,1,2,\cdots)$ $\qquad\qquad$ (22-1)

式中,$d=(a+b)$ 称为光栅常数;λ 为入射光波长;k 为明条纹(光谱线)级数;φ_k 为 k 级明条纹的衍射角。

如果入射光不是单色光,则由式(22-1)可以看出,光的波长不同其衍射角 φ_k 也各不相同,于是复色光将被分解。而在中央 $k=0,\varphi_k=0$ 处,各色光仍重叠在一起,组成中央明条纹,在中央明条纹两侧对称分布着 $k=1,2,\cdots$ 级光谱,各级光谱线都按波长大小的顺序依次排列成一组彩色谱线,这样就把复色光分解为单色光(图22-1)。

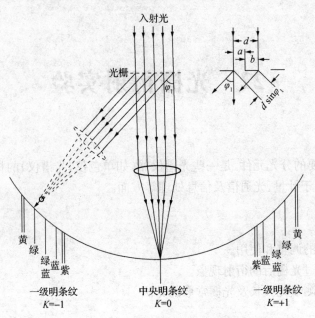

图 22 - 1   光栅衍射光谱示意图

如果已知光栅常数 d，用分光计测出 k 级光谱中某一明条纹的衍射角 φ_k，按式（22 - 1）即可算出该明条纹所应的单色光的波长 λ。

【实验仪器】

分光计、待测波长的光源、光栅。

【实验内容】

1. 调整分光计

1）目镜的调焦

先将目镜视度调手轮旋出，然后一边旋进，一边从目镜中观察直至分划板刻线成像清晰。

2）物镜调焦

在载物台中央放上平行平板双面反射镜，转动载物台使镜面与望远镜光轴基本垂直。从目镜中观察，此时可以看到一亮斑，旋转调焦车轮对望远镜进行调焦，使反射十字叉丝像清晰，并调到无视差。

3）调整望远镜的光轴与仪器转轴垂直

调整望远镜光轴上下位置调节螺钉使反射回来的亮十字像和调节叉丝重合。将载物台转动 180°望远镜中观察到平面镜的另一面的反射十字像也与调节叉丝重合。

但一般情况下，望远镜中观察到的亮十字像与十字丝有一个垂直方向的位移，就是亮十字像可能偏高或偏低。则需调整。先调节载物台调平螺钉使位移减少一半，再调整望远镜光轴上下位置调节螺钉，使垂直方向的位移完全消除。

转动载物台垂复以上步骤数次，使平面镜两个面的反射十字像严格与调节叉丝重合。此时再也不要调动望远镜的倾斜度和载物台的调节螺钉。

4）平行光管调节

（1）调节平行光管使其产生平行光。点燃汞灯，照亮狭缝。转动望远镜对准平行光管找到狭缝，旋转调焦手轮实现前后移动狭缝机构，使从望远镜中看到清晰的狭缝像，并调到无视差。

（2）调节平行光管光轴与仪器转轴垂直。将狭缝转为水平状态，调节平行光管俯仰螺钉使狭缝的像和测量用叉丝的横线重合，再将狭缝转为竖直状态，然后将狭缝套筒紧固螺钉旋紧。

2. 观察光栅衍射现象

将光栅正确放置在载物平台上，要求光栅平面平行光管的轴，转动望远镜，观察衍射光谱的分布情况。调节对应的载物台螺钉，使谱线分布基本一样高。

3. 测量汞灯中蓝紫光的波长

在望远镜中，找到衍射光谱中蓝紫光对应的衍射光方位，然后计算对应的衍射角 φ_k，最后由式（22-1）计算波长。

4. 测量光栅常数

以汞灯中绿光波长（$\lambda = 546.07$ nm）为已知，测出光谱中绿光对应的衍角 φ_k，再由式（22-1）计算出光栅常数 $(a+b)$。

5. 实验步骤

（1）由于衍射光谱对中央明条纹是对称的，为了提高测量准确度，测量第 k 级光谱时，应测出 $+k$ 级和 $-k$ 级光谱线的位置，两位置的差值之半即为 φ_k。

（2）测量时，可将望远镜移至最左端，从 -2，-1 到 $+1$，$+2$ 级依次测量，以免漏测数据。

（3）为使叉丝精确对准光谱线，必须使用望远镜微调螺钉来对准。

【实验数据处理与分析】

（1）测光栅常数 $d\left(\varphi_{绿2} = \dfrac{1}{4}\left[(\theta_m' - \theta_m) + (\theta_n' - \theta_n)\right]\right)$

次数	绿谱线角位置（二级）				$\varphi_{绿2}$	$\bar{d} = \dfrac{2\lambda}{\sin\varphi}$
	两读数窗的读数					
	$+2$ 级		-2 级			
	θ_m	θ_n	θ_m'	θ_n'		
1	$84°39'$	$264°42'$	$46°06'$	$226°07'$	$19°17'$	
2	$84°43'$	$264°47'$	$46°07'$	$226°08'$	$19°19'$	3306 nm
3	$84°41'$	$264°44'$	$46°08'$	$226°10'$	$19°17'$	
平均 $\bar{\varphi}_{绿2}$	0.3366 rad					

$$S_{\varphi_{绿2}} = \sqrt{\frac{\sum(\varphi - \bar{\varphi})}{k(k-1)}} = 0.000\,2, \quad u_B = 0.000\,045\,\text{rad}$$

$$u_{绿2} = 0.000\ 3$$

$$u_d = \frac{2\lambda\cos\varphi}{\sin^2\varphi}u_\varphi = 1\ nm$$

$$d = 3\ 306 \pm 1(nm)$$

（2）测光波的波长

次数	绿谱线角位置（二级）				$\varphi_{黄2}$	$\lambda_黄$
	两读数窗的读数					
	+2 级		-2 级			
	θ_m	θ_n	θ_m'	θ_n'		
1	85°43′	265°47′	44°56′	224°58′	20°23′	
2	85°48′	265°50′	44°57′	224°59′	20°25′	576.1 nm
3	85°49′	265°50′	44°59′	225°01′	20°25′	
平均 $\bar{\varphi}_{黄2}$	0.3559 rad					

$$S_{\varphi黄2} = \sqrt{\frac{\sum(\varphi-\bar{\varphi})}{k(k-1)}} = 0.000\ 2, \quad u_B = 0.000\ 045\ rad$$

$$u_{黄2} = 0.000\ 3$$

$$u_{\lambda Y} = \lambda_G\sqrt{\left(\frac{\sin\varphi_Y\cos\varphi_G}{\sin\varphi_G}\right)^2 u_{\phi G}{}^2 + \left(\frac{\cos\varphi_Y}{\sin\varphi_G}\right)^2 u_{\varphi Y}{}^2} = 1\ nm$$

$$\lambda_黄 = 576.1 \pm 0.5(nm)$$

【注意事项】

分光镜调整时要注意：

（1）先目测粗调，使望远镜和平行光管大致垂直与中心轴，再调载物台使之大致呈水平状态。

（2）点亮照明小灯，调节并看清准线和带有绿色小十字窗口。

（3）调节并使载物台上的准直镜正反两面都进入望远镜，并且成清晰的像。

（4）采取逐步逼近各半调节法使从准直镜上发射所成的十字叉丝像与准直线重合。

（5）目测使平行光管光轴与望远镜光轴重合，打开狭缝并在望远镜中成清晰的大约 1 mm宽的狭缝像。

（6）使狭缝像分别水平或垂直并调节使狭缝像中心与十字叉丝中点想重合。调节过程中要注意已经调节好的要固定好，以免带入新的误差，另外注意逐步逼近各半调节法的使用

【思考题】

利用光栅分光和棱镜分光，产生的光谱有何区别？

23　核磁共振实验

【实验目的】

1. 了解核磁共振的实验基本原理。
2. 学习利用核磁共振校准磁场和测量 g 因子的方法。

【实验原理】

核磁共振是重要的物理现象,核磁共振技术在物理、化学、生物、临床诊断、计量科学和石油分析与勘探等许多领域得到重要应用。1945 年发现核磁共振现象的美国科学家铂塞耳(Purcell)和布珞赫(Bloch)于 1952 年获得诺贝尔物理奖。而在改进核磁共振技术方面做出重要贡献的瑞士科学家恩斯特(Ernst)则于 1991 年获得诺贝尔化学奖。

众所周知,氢原子中电子的能量不能连续变化,只能取离散的数值。在微观世界中物理量只能取离散数值的现象很普遍。实验涉及原子核自旋角动量也不能连续变化,只能取离散值 $P = \sqrt{I(I+1)}\hbar$,其中,I 为自旋量子数,只能取 $0,1,2,3,\cdots$,整数值或 $1/2,3/2,5/2,\cdots$,半整数值;$\hbar = h/2\pi$,而 h 为普朗克常数。对不同的核素,I 分别有不同的确定值。实验涉及质子和氟核(^{19}F)的自旋量子数 I 都等于 $1/2$。类似地,原子核的自旋角动量在空间某一方向。例如 z 方向的分量也不能连续变化,只能取离散的数值 $pz = m\hbar$,其中量子数 m 只能取 $I, I-1, \cdots, -I+1, -I$ 共 $(2I+1)$ 个数值。

自旋角动量不为零的原子核具有与之相联系的核自旋磁矩,简称核磁矩,其大小为

$$\mu = g\frac{e}{2M}p \tag{23-1}$$

式中,e 为质子的电荷;M 为质子的质量;g 是一个由原子核结构决定的因子。

对不同种类的原子核,g 的数值不同,称为原子核的 g 因子。值得注意的是,g 可能是正数,也可能是负数。因此,核磁矩的方向可能与核自旋角动量方向相同,也可能相反。

由于核自旋角动量在任意给定的 z 方向只能取 $(2I+1)$ 个离散的数值,因此核磁矩在 z 方向也只能取 $(2I+1)$ 个离散的数值

$$\mu_z = g\frac{eh}{2m}p \tag{23-2}$$

原子核的核矩通常用 $\mu_N = eh/2M$ 作为单位,μ_N 称为核磁子。采用 μ_N 作为核磁矩的单位后,μ_z 可记为 $\mu_z = gm\mu_N$ 与角动量本身的大小 $\sqrt{I(I+1)}\hbar$ 相对应,核磁矩本身的大小可为 $g\sqrt{I(I+1)}\mu_N$。除了用 g 因子表征核的磁性外,通常还引入另一个可以由实验测量的物理量,λ 定义为原子核的磁矩与自旋角动量之比:

$$\lambda = \mu / p = ge/2M \qquad (23-3)$$

可写成 $\mu = \lambda P$，相应地有 $\mu_z = \lambda P_z$。

当不存在外磁场时，每一个原子核的能量都相同，所以原子核处在同一能级。但是，当施加一个外磁场 B 后，情况发生变化。为了方便起见，通常把 B 的方向规定为 z 的方向，由于外磁场 B 与磁矩的相互作用能为：

$$E = -\mu B = -\mu_z B = -\lambda m h B \qquad (23-4)$$

因此量子数 m 取值不同，核磁矩的能量也就不同，原来简并的同一能级分裂为 $(2I+1)$ 个子能级。由于在外磁场中各个子能级的能量与量子数 m 有关，因此量子数 m 又称为磁量子数。这些不同子能级的能量虽然不同，但相邻能级之间的能量间隔 $\Delta E = \gamma h B$ 却是一样的。而且，对于质子而言，$I = 1/2$。因此，m 只能取 $m = 1/2$ 和 $m = -1/2$。

当施加外磁场 B 后，原子核在不同能级上的分布服从波尔兹曼分布，显然处在下能级的粒子数要比上能级的多，其差数由 ΔE 大小、系统的温度和系统的总粒子数决定。这时，若在与 B 垂直的方向上再施加一个高频电磁场，通常为射频场，当射频场的频率满足 $h\upsilon = \Delta E$ 时会引起原子核在上下能级之间跃迁，但由于一开始处在下能级的核比在上能级的要多，因此净效果是往上跃迁的多，从而使系统总能量增加，这相当于系统从射频场中吸收了能量。

当 $h\upsilon = \Delta E$ 时，引起的上述跃迁称为共振跃迁，简称为共振。显然共振时要求射频场的频率满足共振条件

$$\upsilon = \frac{\gamma}{2\pi} B \qquad (23-5)$$

如果用角频率 $\omega = 2\pi\upsilon$ 表示，则共振条件可写成

$$\omega = \lambda B \qquad (23-6)$$

如果频率的单位为 Hz，磁场的单位为 T（特斯拉），对裸露的质子而言，经过大量测量得到 $\lambda/2\pi = 42.577\,469\,\text{MHz/T}$。但对于原子或分子中处于不同基团的质子，由于不同质子所处的化学环境不同，受到周围电子屏蔽的情况不同，$\lambda/2\pi = 42.577\,469\,\text{MHz/T}$ 的数值将略有差别，这种差别称为化学位移。对于温度为 25℃ 球形容器中水样品的质子，$\lambda/2\pi = 42.577\,469$ MHz/T。本实验可采用这个数值作为很好的近似值。通过测量质子在磁场 B 中的共振频率 υ_H 可实现对磁场的校准，即

$$B = \frac{\upsilon_H}{\gamma/2\pi} \qquad (23-7)$$

反之，若 B 已经校准，通过测量未知原子核的共振频率 υ 便可求出原子核的 γ 值（通常用 $\gamma/2\pi$ 值表示）或 g 因子

$$\frac{\gamma}{2\pi} = \frac{\upsilon}{B} \qquad (23-8)$$

$$g = \frac{\upsilon/B}{\mu_N/h} \qquad (23-9)$$

式中，$\mu_N/h = 7.622\,591\,4\,\text{MHz/T}$。

通过上述讨论,要发生共振必须满足 $v=(1/2p)B$。通常有 2 种方法观察到共振现象:一种是固定 B,连续改变射频场的频率,这种方法称为扫频方法;另一种方法也是本实验采用的方法,即固定射频场的频率,连续改变磁场的大小,这种方法称为扫场法。如果磁场的变化不是太快,而是缓慢通过与频率对应的磁场时,用一定的方法可以检测到系统对射频场吸收信号。如图 23 - 1(a)所示,称为吸收曲线,这种曲线具有洛伦兹型曲线的特征。但是,如果扫场变化太大,得到的将是如图 23 - 1(b)所示的带有尾波的衰减振荡曲线,扫场的快慢是相对具体样品而言的。例如,本实验采用的扫场频率为 50 Hz,幅度在 $10^{-5}\sim10^{-3}$ 的交流磁场,对固态的聚四氟乙烯样品而言是变化十分缓慢的磁场,其吸收信号将如图 23 - 1(a)所示,而对于液态的水样品而言是变化太快的磁场,其吸收信号将如 23 - 1(b)所示,而且磁场越均匀,尾波中振荡的次数越多。

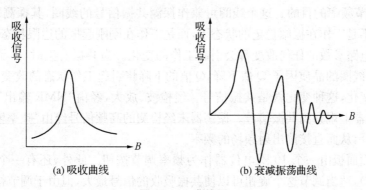

(a) 吸收曲线　　　　　　　　　(b) 衰减振荡曲线

图 23 - 1　曲线图

【实验仪器】

永久磁铁(含扫场线圈)、探头 2 个(样品分别为水和聚四氟乙烯)、数字频率计、示波器。

实验装置的方框图如图 23 - 2 所示,它由永久磁铁、扫场线圈、核磁共振仪(含探头)、核磁共振仪电源、数字频率计、示波器构成。

(1) 永久磁铁。对永久磁铁的要求是有较强的磁场、足够大的均匀区和均匀性好。本实验所用的磁铁中心磁场 $B_0 \geqslant 0.5$ T,在磁场中心(5 mm)范围内,均匀性优于 10^{-5}。

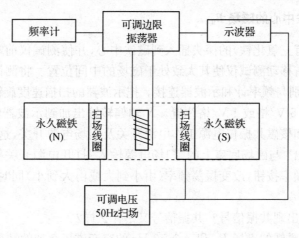

图 23 - 2

（2）扫场线圈。用来产生一个幅度在 $10^{-5} \sim 10^{-3}$ T 的可调交变磁场用于观察共振信号。扫场线圈的电流由变压器隔离降压后输出交流 6 V 的电压。扫场的幅度可通过调节面板上的扫场电流电位器调节。

（3）探头。本实验提供两个探头，其中一个的样品为水（掺有三氯化铁），另一个为固态的聚四氟乙烯。

（4）测试仪。测试仪由探头和边限振荡器组成，液态 ^{1}H 样品装在玻璃管中，固态 ^{19}F 样品作成棍状。在玻璃管或棍状固态样品上绕有线圈，这个线圈就是一个电感 L。将这个线圈插入磁场中，线圈的取向与 B_0 垂直。线圈两端的引线与测试仪中处于反向接法的变容二极管（充当可变电容）并联构成 LC 电路并与晶体管等非线性元件组成振荡电路。当电路振荡时，线圈中即有射频场产生并作用于样品上。改变二极管两端的反向电压的大小可改变二极管的电容 C，达到调节频率的目的。这个线圈可兼作探测共振信号的线圈，其探测原理如下：测试仪中的振荡器不是工作在振幅稳定的状态下，而是工作在刚刚起振的边限状态（边限振荡器由此得名），这时电路参数的任何改变都会引起工作的变化。当共振发生时，样品要吸收射频场的能量，使振荡线圈的品质因子 Q 值下降，Q 值的下降将引起工作状态的改变，表现为振荡波形包络线发生变化，这种变化就是共振信号。经检波、放大，经由"NMR 输出"端与示波器连接，即可从示波器上观察到共振信号。振荡器未经检测的高频信号经由"频率输出"端直接输出到数字频率计，从而直接读出射频场的频率。

测试仪正面面板由一个 10 圈电位器作为频率调节按钮。此外，还有一个幅度调节旋钮（工作电流调节），适当调节这个旋钮可以使共振吸收的信号最大，但由于调节幅度旋钮时会改变振荡管的极间电容，从而对频率也有一定的影响。频率输出与数字频率计连接，NMR 输出与示波器连接，电压输入与电源上的电源输出连接。

核磁共振仪电源前面板由扫场电源开关、扫场调节、X 轴偏转调节、电源开关组成。扫场电源输出与永久磁场底座上的扫场面输入连接，电源输出与测试仪上的电压输入连接，为了使示波器的水平扫描与磁场扫描同步，将扫场信号 X 轴偏转输出加到示波器的 X 轴（外接），以保证在示波器上观察到稳定的共振信号。

【实验内容】

1. 校准永久磁铁中心的磁场 B_0

把样品为水（掺有三氯化铁）的探头插入到磁铁中心，并使测试仪前端的探测杆与磁场在同一水平方向上，左右移动测试仪使其大致处于磁场的中间位置。将测试仪前面板上的频率输出和 NMR 输出分别与频率计和示波器连接。把示波器的扫描速度旋钮放在 1 ms/格位置，纵向放大旋钮放在 0.5 V/格或 1 V/格位置。X 轴偏转输出加到示波器的 X 轴（外接）连接。打开频率计、示波器和核磁共振仪电源工作电源开关及扫场电源开关，这时频率计应有读数。连接好"扫场电源输出"与磁场底座上的"扫场电源输入"打开电源开关把输出调节在较大数值，缓慢调节测试仪频率按钮，改变振荡频率（由小到大或由大到小）同时监视示波器，搜索共振信号。

什么情况下才会出现共振信号？共振信号又是什么样？

如今磁场是永久磁铁的磁场 B_0 和一个 50 Hz 的交变磁场叠加的结果，总磁场为

$$B = B_0 + B' \cos \omega' t \qquad (23-10)$$

式中，B' 是交变磁场的幅度；ω' 是市电的角频率。

总磁场在 $(B_0 - B') \sim (B_0 + B')$ 的范围内按图 23-3 的正弦曲线随时间变化。由式 (23-6) 可知，只有 $\omega \lambda$ 落在这个范围内才能发生共振。为了容易找到共振信号。要加大 B'（即把扫场的输出调到最大），使可能发生共振的磁场变化范围增大。

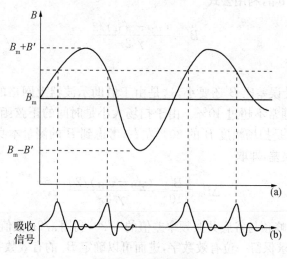

图 23-3　共振信号

另一方面要调节射频场的频率，使 $\omega \lambda$ 落在这个范围。一旦 $\omega \lambda$ 落在这个范围，在磁场变化的某些时刻总磁场 $B = \omega \lambda$，在这些时刻就能观察到共振信号，如图 23-3 所示。共振信号发生在 $B = \omega \lambda$ 的水平虚线与代表总磁场变化的正弦曲线交点对应的时刻。如前所述，水的共振信号将如图 23-1(a)、图 23-1(b) 所示，而且磁场越均匀，尾波中的振荡次数越多，因此一旦观察到共振信号后，应进一步仔细调节测试仪在磁场中左右的位置，使尾波中振荡的次数最多，亦使探头处在磁铁中磁场最均匀的位置。

由图 23-3 可知，只要 $\omega \lambda$ 落在 $(B_0 - B') \sim (B_0 + B')$ 范围内就能观察到共振信号，但这时 $\omega \lambda$ 未必正好等于 B_0。从图 23-3 上可以看出：当 $\omega \lambda \neq B_0$ 时，各个共振信号发生的时间间隔并不相等，共振信号在示波器上的排列不均匀；只有当 $\omega \lambda = B_0$ 时，它们才均匀排列，这时共振发生在交变磁场过零时刻，而且从示波器的时间标尺可测出它们的时间间隔为 10 ms。当然，当 $\omega \lambda = B_0 - B'$ 或 $\omega \lambda = B_0 + B'$ 时，在示波器上也能观察到均匀排列的共振信号，但它们的时间间隔不是 10 ms，而是 20 ms。因此，只有当共振信号均匀排列而且间隔为 10 ms 时，才有 $\omega \lambda = B_0$，这时频率计的读数才是与 B_0 对应质子的共振频率。

作为定量测量，除了要求待测量的数值外，还要关心如何减小测量误差并力图对误差的大小作出定量估计，从而确定测量结果的有效数字。从图 23-3 可以看出，一旦观察到共振信号，B_0 的误差不会超过扫场的幅度 B'。因此为了减小估计误差，在找到共振信号之后应逐渐减小扫场的幅度 B'，并相应的调节射频场的频率，使共振信号保持间隔为 10 ms 的均匀排列。在能观察到和分辨出共振信号的前提下，力图把 B' 减小到最低程度，记下 B' 达到最小而且共振信号保持间隔为 10 ms 均匀排列时的频率 v_H，利用水中质子的 $\lambda / 2\pi$ 值和式 (23-7) 求出磁场中待测区域的 B_0 值。顺便指出，当 B' 很小时，由于扫场变化范围小，尾波中振荡的次数也少,这是正常的,并不是磁场变的不均匀。

为了定量估计 B_0 的测量误差 ΔB_0,必须首先测出 B' 的大小。具体可采用以下步骤:保持这时的扫场的幅度不变,调节射频场的频率,使共振先后发生在 (B_0+B') 和 (B_0-B') 处,这时图 23-3 与 ω/λ 对应的水平虚线将分别与正弦波的峰顶和谷底相切,即共振分别发生在正弦波的峰顶和谷底附近。这时从示波器看到的共振信号均匀排列,但时间间隔为 20 ms,记下这两次的共振频率 v'_H 和 v''_H,利用公式

$$B'=\frac{(v'_H-v''_H)/2}{\gamma/2\pi} \tag{23-11}$$

可求出扫场的幅度。

实际上,B_0 的估计误差比 B' 还要小,这是由于借助示波器上网格的帮助,共振信号排列均匀程度的判断误差通常不超过 10%。由于扫场大小是时间的正弦函数,因此,可容易算出相应的 B_0 的估计误差是扫场幅度 B' 的 80% 左右,考虑到 B' 的测量本身也有误差,可取 B' 的 1/10 作为 B_0 的估计误差,即取

$$\Delta B_0=\frac{B'}{10}=\frac{(v'_H-v''_H)/20}{\gamma/2\pi} \tag{23-12}$$

由式(23-12)表明,由峰顶与谷底共振频率差值的 1/20,利用 $\lambda/2\pi$ 数值可求出 ΔB_0 的估计误差。本实验 ΔB_0 只要求保留一位有效数字,进而可以确定 B_0 的有效数字,并要求给出测量结果的完整表达式,即

$$B_0=测量值\pm估计误差$$

适当增大 B',观察到尽可能多尾波振荡,然后向左或向右逐渐移动测试仪在磁场中的左右位置,使前端的样品探头从磁铁中心逐渐移动到边缘,同时观察移动过程中共振信号波形的变化并加以解释。

选做实验:利用样品为水的探头,把测试仪移到磁场的最左或最右,测量磁场边缘的磁场大小。

2. 测量 ^{19}F 的 g 因子

把样品为水的探头转换为样品为聚四氟乙烯的探头,示波器的纵向放大旋钮调节到 50 mV/格 或 20 mV/格,采用与校准磁场过程相同的方法和步骤测量聚四氟乙烯中 ^{19}F 与 B_0 对应的共振频率 v_F 以及在峰顶及谷底附近的共振频率 v'_F 和 v''_F,利用 v_F 和式(23-9)求出 ^{19}F 的 g 因子。根据式(23-9),可计算 g 因子的相对误差

$$\frac{\Delta g}{g}=\sqrt{\left(\frac{\Delta v_F}{v_F}\right)^2+\left(\frac{\Delta B_0}{B_0}\right)^2} \tag{23-13}$$

式中,B_0 为校准磁场得到的结果,与上述估计 ΔB_0 的方法相似,可取作 $\Delta v_F=(v'_F-v''_F)/20$ 作为 v_F 的估计误差。

求出 $\Delta g/g$ 后,可利用已算出的 Δg 因子求出绝对误差 Δg,Δg 也只保留一位有效数字并由它确定 g 因子测量结果的完整表达式。

观测聚四氟乙烯中氟的共振信号时,比较它与掺有三氯化铁的水样品中质子的共振信号

波形差别。

【注意事项】

1. 扫场电源的扫场调节旋钮顺时针调至接近最大(旋至最大后,再往回旋半圈。因为最大时电位器电阻为零,输出短路因而对仪器有一定损坏),这样可以加大捕捉信号的范围。

2. 测量 ^{19}F 时,将测得的 ^1F 的共振频率/42. 577×40. 055,即得到 ^{19}F 的共振频率。比如, ^1H 的共振频率为 20.0 MHz,则 ^{19}F 的共振频率范围为 20.0 MHz÷42. 577×40. 055=18. 815MHz。由于 ^{19}F 的共振信号较小,故此时应适当地降低其扫描幅度(一般不大于 3 V),这是因为样品的弛豫时间过长会导致饱和现象,进而引起信号变小。射频幅度随样品不同而不同,在初次调试时应注意,否则信号太小不容易观测。

【思考题】

实验中应如何避免产生误差?

24 偏振光的观测与研究

【实验目的】

1. 观察光的偏振现象,加深偏振的基本概念。
2. 了解偏振光的产生和检验方法。
3. 观测椭圆偏振光和圆偏振光。

【实验原理】

按光的电磁理论,光波就是电磁波,电磁波是横波,所以光波也是横波。因为在大多数情况下,电磁辐射同物质相互作用时起主要作用的是电场,所以常以电矢量作为光波的振动矢量。其振动方向相对于传播方向的一种空间取向称为偏振,光的这种偏振现象是横波的特征。

根据偏振的概念,如果电矢量的振动只限于某一确定方向的光,称为平面偏振光,亦称线偏振光。如果电矢量随时间做有规律的变化,其末端在垂直于传播方向上的平面上的轨迹呈椭圆或圆,这样的光称为椭圆偏振光或圆偏振光。若电矢量的取向与大小都随时间做无规则的变化,各方向的取向率相同,称为自然光。若电矢量在某一确定的方向上最强,且各方向的电振动无固定的相位关系,则称为部分偏振光。

偏振光的应用遍及工业、农业、医学、国防等领域。利用偏振光装置制作的各种精密仪器已广泛应用并为科研、工程设计、生产技术的检验提供了极有价值的方法。

1. 获得偏振光的方法

(1) 非金属面的反射。当自然光从空气照射在折射率为 n 的非金属面(如玻璃、水等)上,反射光与折射光都将成为部分偏振光。当入射角增大到某一特定值 φ 时,镜面反射光成为完全偏振光,其振动面垂直于入射面,这时入射角 φ 称为布儒斯特角,也称为起偏振角,由布儒斯特定律得

$$\tan\varphi_0 = n \qquad\qquad (24-1)$$

式中,n 为折射率。

(2) 多层玻璃片的折射。当自然光以布儒斯特角入射到叠在一起的多层平行玻璃片上时,经过多次反射后透过的光就近似于线偏振光,其振动在入射面内。

(3) 晶体双折射产生的寻常光(o 光)和非常光(e 光),均为线偏振光。

(4) 用偏振片可以得到一定程度的线偏振光。

2. 偏振光、波长片及其作用

1) 偏振片

偏振片是利用某些有机化合物晶体的二向色性,将其渗入透明塑料薄膜中,经定向拉制而成。它能吸收某一方向振动的光,而透过与此垂直方向振动的光,由于在应用时起的作用不同而叫法不同,用来产生偏振光的偏振片叫作起偏器,用来检验偏振光的偏振片叫作检偏器。

按照马吕斯定律,强度为 I_0 的线偏振光通过检偏器后,透射光的强度

$$I = I_0\cos^2\theta \tag{24-2}$$

式中,θ 为入射偏振光偏振方向与检偏器振轴之间的夹角,显然当以光线传播方向为轴转动检偏器时,透射光强度 I 发生周期性变化。当 $\theta=0°$ 时,透射光强最大;当 $\theta=90°$ 时,透射光强为极小值(消光状态);当 $0°<\theta<90°$ 时,透射光强介于最大值和最小值之间。图 24-1 表示自然光通过起偏器与检偏器的变化。

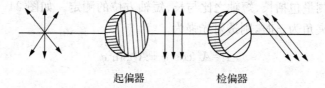

起偏器　　　　　检偏器

图 24-1　自然光透射起偏器与检偏器的变化

2) 波长片

当线偏振光垂直于厚度为 L、表面平行于自身光轴的单轴晶片时,则寻常光(o 光)和非常光(e 光)沿同一方向前进,但传播速度不同。这两种偏振光通过晶片后,它们的相位差 φ 为

$$\varphi = \frac{2\pi}{\lambda}(n_o - n_e)L \tag{24-3}$$

式中,λ 为入射偏振光在真空中的波长;n_o 和 n_e 分别为晶片对 o 光和 e 光的折射率;L 为晶片的厚度。

我们知道,两个相互垂直的、同频率且有固定相位差的简谐振动,可用下列方程表示:

$$\begin{cases} X = A_e\sin\omega t \\ Y = A_o\sin(\omega+\varphi) \end{cases} \tag{24-4}$$

从式(24-4)中消去 t,经三角运算后得到全振动的方程式

$$\frac{X^2}{A_e^2} + \frac{Y^2}{A_o^2} + \frac{2XY}{A_eA_o}\cos\varphi = \sin^2\varphi \tag{24-5}$$

由此式可知:

(1) 当 $\varphi = K_x(K=0,1,2,\cdots)$ 时为线偏振光,

(2) 当 $\varphi = \left(K+\frac{1}{2}\pi\right)(K=0,1,2,\cdots)$ 时为正椭圆偏振光,在 $A_o=A_e$ 时为圆偏振光;

(3) 当 φ 为其他值时为椭圆偏振光。

在某一波长的线偏振光垂直入射晶片的情况下,能使 o 光和 e 光产生相位差 $\varphi=(2K+1)\pi$

（相当于光程差为 $\lambda/2$ 的奇数倍）的晶片，称为对应于该单色光的二分之一波片与此相似。能使 o 光与 e 光产生相位 $\varphi=\left(2K+\dfrac{1}{2}\right)\pi$（相当于光程差为 $\lambda/4$ 的奇数倍）的晶片，称为四分之一波片。本实验中所用波片是对 6328 Å（He-Ne 激光）而言的。

如图 24-2 所示，当振幅为 A 的线偏振光垂直入射到 $\lambda/4$ 波片上，振动方向与波片光轴成 θ 角时，由于 o 光和 e 光的振幅分别为 $A\sin\theta$ 和 $A\cos\theta$，所以通过 $\lambda/4$ 波片后合成的偏振状态也随角度 θ 的变化而不同。

（1）当 $\theta=0°$ 时，获得振动方向平行于光轴的线偏振光；

（2）当 $\theta=\lambda/2$ 时，获得振动方向垂直光轴的线偏振光；

（3）当 $\theta=\lambda/4$ 时，$A_e=A_o$ 获得圆偏振光；

（4）当 θ 为其他值时，经过 $\lambda/4$ 波片后为椭圆偏振光。

3. 椭圆偏振光的测量

椭圆偏振光的测量包括长、短轴之比与长、短轴方位的测定。如图 24-3 所示，当检偏器方位与椭圆长轴的夹角为 φ 时，则透射光强为

$$I=A_1^2\cos^2\varphi+A_2^2\sin^2\varphi$$

当 $\varphi=K_\pi$ 时

$$I=I_{\max}=A_2^2$$

则椭圆长、短轴之比为

$$\frac{A_1}{A_2}=\sqrt{\frac{I_{\max}}{I_{\min}}} \tag{24-6}$$

椭圆方轴的方位即为 $I_{\max}$。

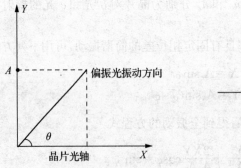

图 24-2　实验原理图（一）

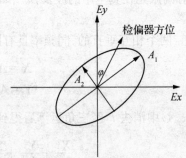

图 24-3　实验原理图（二）

【实验仪器】

光具座、激光器、光点检流计或半导体激光器（以上设备由实验室自备）、偏振片、1/4 波片、光电转换装置、钠光灯/半导体激光器。

【实验内容】

1. 起偏与检偏鉴别自然光与偏振光

(1) 在光源至光屏的光路上插入起偏器 P_1,旋转 P_1,观察光屏上光斑强度的变化情况。

(2) 在起偏器 P_1 后面再插入检偏器 P_2,固定 P_1 的方位。旋转 P_2,旋转 $360°$,观察光屏上光斑强度的变化情况,以及有几个消光方位。

(3) 以硅光电池代替光屏接收 P_2 出射的光束,旋转 P_2,每旋转过 $10°$记录一次相应的光电流值,共转 $180°$,在坐标纸上作出 $I_0 - \cos^2\theta$ 关系曲线。

2. 观测椭圆偏振光和圆偏振光

(1) 有先使起偏器 P_1 和检偏器 P_2 的偏振轴垂直(即检偏器 P_2 后光屏上处于消光状态),在起偏器 P_1 和检偏器 P_2 之间插入 $\lambda/4$ 波片,转动波片使 P_2 后的光屏仍处于消光状态,用硅光电池及光点检流计组成的光电转换器取代光屏。

(2) 将起角 P_1 转过角度为 $20°$,调节硅光电池使透过 P_2 的光全部进入硅光电池的接收孔内,转动检偏器 P_2 找出最大电流的位置,并记下光电流的数值。重复测量 3 次,求其平均值。

(3) 转动 P_1,使 P_1 的光轴与 $\lambda/4$ 波片的光轴夹角依次为 $30°$、$45°$、$60°$、$75°$、$90°$值,在取上述每一个角度时,都将检偏器 P_2 转动 1 周,观察从 P_2 透出光的强度变化。

3. 考察平面偏振光通过 1/2 波长片时的现象

(1) 按图 24-4 在光具座上依次放置各元件,使起偏器 P 的振动面为垂直,检偏器 A 的振动面为水平(此时应观察到消光现象)。

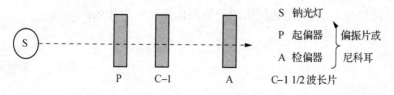

图 24-4　实验原理图(三)

(2) 在 P、A 之间插入 1/2 波长片(C-1),反(C-1)转动 $360°$,能看到几次消光。

(3) 将 C-1 转任意角度,这时消光现象被破坏,把 A 转动 $360°$,观察到什么现象?

(4) 仍使 P、A 处于正交,插入(C-1),使消光。再将(C-1)转 $15°$,破坏其消光。转动 A 至消光的位置,并记录 A 所转动的角度。

(5) 继续将(C-1)转 $15°$(即总转动角为 $30°$),记录 A 达到消光所转总角度,依次使(C-1)总转角为 $45°$、$60°$、$75°$、$90°$,记录 A 消光时所转总角度。

半波片转动角度	检偏器转动角
$15°$	
$30°$	
$45°$	

续表

半波片转动角度	检偏器转动角
60°	
75°	
90°	

【实验数据分析与处理】

(1) 数据表格自拟。

(2) 在坐标纸上描绘出 $I_P \sim \cos^2\theta$ 关系曲线。

(3) 求出布儒斯特角 $\varphi_0 = \varphi_2 - \varphi_1$，并由式(24-1)求出平板玻璃的相对折射率 n。

(4) 根据式(24-6)求出 20°时椭圆偏振光的长、短轴之比，并以理论值为准求出相对误差。

【注意事项】

1. 实验中各元件不能用手接触，实验完毕后按规定位置将仪器放置好。

2. 不要让激光束直接照射或反射到人眼内。

【思考题】

1. 通过起偏和检偏的观测，应怎样区分自然光和偏振光？

2. 玻璃平板在布儒斯特角的位置上时，反射光束是什么偏振光？ 它的振动是平行于入射面内还是垂直于入射面内？

3. 当 $\lambda/4$ 波片与 P_1 的夹角为何值时产生圆偏振光？ 为什么？

25 液体表面张力系数的测量

【实验目的】

1. 进一步掌握用焦利氏秤的使用;
2. 学会用拉膜法测定液体的表面张力系数;
3. 掌握液体表面张力的意义。

【实验原理】

很多现象表明,液体表面具有收缩到尽可能小的趋势。从微观角度看,液体表面是具有厚度为分子吸引力有效半径(约 10^{-9} m＝1 nm)的薄层,称之为表面层。处于表面层内的分子较之液体内部的分子缺少了一部分能和它起吸引作用的分子,因而出现了一个指向液体内部的吸引力。使得这类分子有向液体内部收缩的趋势。从能量观点看,任何内部分子欲进入表面层都要克服这个吸引力而做功。可见,表面层要比液体内部有更大的势能,即所谓的表面能。表面积越大,表面能也越大。众所周知,任何体系总以势能最小的状态最为稳定。所以,液体要处于稳定,液面就必须缩小,使其表面能尽可能减小,宏观上就表现为液体表面层的张力,称为表面张力。

液体因表面张力而收缩的事实,说明表面张力是与液体表面相切的,也就是沿液体表面而作用的,其方向不论在平面或曲面上,都与液面的边界垂直。如果在液体表面想象地画一根直线,则表面张力的作用就表现为线段两边的液面以一定的拉力 F_σ 相互作用,而且力的方向与线段相垂直,其大小与该线段长度 L 成正比。即

$$F_\sigma = \sigma L \qquad\qquad (25-1)$$

式中,比例系数 σ 称为液体的表面张力系数,它表示单位长度的线段两侧液面的相互拉力,$\mathrm{N \cdot m^{-1}}$。

当液体表面与其蒸汽或空气相接触时,表面张力仅与液体本身的性质及其温度有关。各种液体其 σ 数值很不相同:密度小、容易蒸发的液体,其 σ 较小;而熔融金属的 σ 则很大。在一般情况下,同种液体温度愈高,σ 愈小。另外,σ 的大小还与其相邻物质的化学性质有关,与液体本身的纯度也有很大关系,某些杂质能使 σ 增大,而表面活性物质则能使表面张力系数减小。

液体与固体相接触时,不仅取决于液体自身的内聚力,而且取决于液体分子与其接触的固体分子之间的吸引力(称为附着力)。当内聚力大于附着力时,液面与自由液面相似,有收缩的取向,这时,接触角(与固体接触处液体表面的切线和固体表面指向液体内部的切线间的夹角)$\beta > \pi/2$,则称液体不润湿该固体;反之,当附着力大于内聚力时,$\beta < \pi/2$,液体就润湿该固体。

本实验就是利用液体与固体润湿的现象,用拉膜法测定水的表面张力系数。

将一表面洁净、宽度 L、丝直径为 D 的"Ⅱ"形细金属丝竖直地浸于水中,然后将其徐徐拉出。由于水能润湿该金属丝,所以,水膜将布满"Ⅱ"形丝四周,且在其边框内被带起。考虑到拉起的水膜系具有几个分子层厚度的双面膜,其与水分界面接触部分的周长约为 $2(L+D)$,因此,式(25-1)变为

$$f_\sigma = 2\sigma(L+D) \tag{25-2}$$

若将"Ⅱ"形金属丝通过其 AB 的正中 C 点悬挂可测微小力的弹簧秤(图 25-1(a)),则 f_σ 可由拉膜过程中弹簧的伸长量 Δl 求出。根据虎克定律,在弹性限度内,弹簧恢复力 f_k 与弹簧的绝对伸长量 Δl 成正比,且方向相反,即

$$f_k = -k\Delta l \tag{25-3}$$

式中,k 表弹簧的倔强系数,单位为 $N \cdot m^{-1}$。

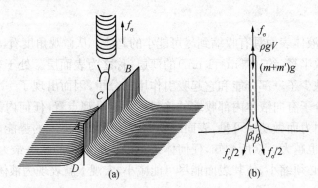

图 25-1　实验原理图

实际上,拉膜过程中,"Ⅱ"形金属丝框除了受到 f_σ 和 f_k 的作用外,如图 25-1(b)所示,还有受到如下各力的作用:(1) 水膜自身的重力 $m'g$,很小可忽略;(2) 金属丝仍处于水中的那部分体积所受到的浮力 ρgV,因金属丝框很细,即 V 很小,故也可以忽略不计;(3) 金属丝框受到大气压力的合力为零;(4) "Ⅱ"形金属丝本身的重力 mg。若将"Ⅱ"形金属丝框挂上之后,且使其 AB 边与水面平齐时规定弹簧的平衡位置 l_0,则"Ⅱ"形金属丝的重力 mg 对弹簧从该平衡位置算起的伸长量 Δl 也将没有作用。在上述假定下,弹簧的伸长就只取决于表面张力 f_σ 在垂直方向的分量。设接触角为 β,则该分量为 $f_\sigma \cos\beta$。显然,在弹簧伸长至 l 且使液膜刚刚破裂的瞬间,该分力应与弹簧的弹性恢复力相平衡,即

$$\sigma = \frac{k\Delta l}{2(L+D)\cos\beta} \tag{25-4}$$

考虑到水与"Ⅱ"形金属丝接触角很小,$\beta \to 0$,$\cos\beta \to 1$;而且实际上 $L \gg D$;所以,式(25-4)可简化为

$$\sigma = \frac{k\Delta l}{2L} \tag{25-5}$$

式中,$\Delta l = l - l_0$ 表示拉膜过程中弹簧的伸长量。可见,只要测得 k、Δl 和 L,即可由

式(25-5)求出水的表面张力系数。

【实验条件】

焦利氏秤,包括砝码组(1×500 mg、2×1g)以及附件;玻璃皿;"Ⅱ"形金属丝;游标卡尺;自来水。

【实验内容】

用游标卡尺测"Ⅱ"形金属丝宽度 L,然后,求出时水的表面张力系数。

(1) 用游标卡尺测量出"Ⅱ"形金属丝的宽度 L。测量三次求出平均值,将数据记录到表 25-1 中。

(2) 如图 25-2 所示安装好实验仪器(实验用弹簧用实验 7 中的柱形弹簧,弹性系数由实验 7 得出, $k=0.9325$ N/m)。

(3) 将"Ⅱ"形金属丝框挂上,调节焦利氏秤下方的旋,使其 AB 边与水面平齐,记下此时弹簧的平衡位置 l_0,将游标尺读数 l_0 记录到表 25-2 的上方。

(4) 慢慢调节焦利氏秤下方旋钮将主尺升高。当弹簧伸长至游标尺读数 l_1 时,液膜刚刚破裂或即将破裂,记录下此时游标尺读数 l_1,并填写在表25-2 中。

(5) 重复步骤(4)得到 l_2,l_3,并记录到表 25-2 中。

(6) 求出金属丝框的宽度 $\overline{L}$,弹簧升长的长度 $\Delta\overline{l}$。利用公式 $\sigma=\dfrac{k\Delta l}{2L}$ 求出自来水表面张力系数。

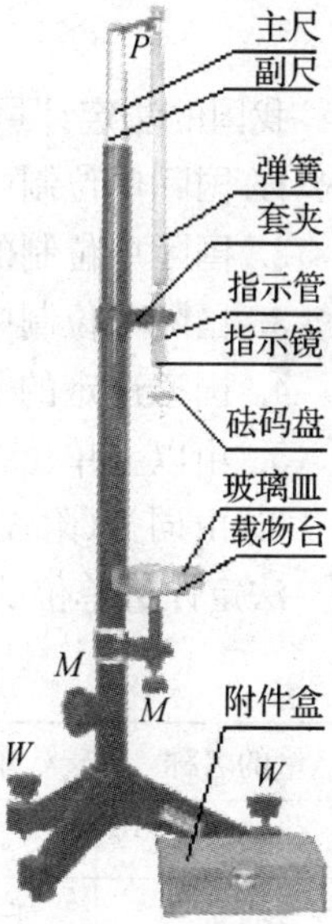

图 25-2　实验仪器安装图

【实验数据分析与处理】(仅供参考)

表 25-1

次数	1	2	3	$\overline{L}$
金属丝的宽度 L /cm	3.542	3.550	3.554	3.548

表 25-2

$l_0=$

次数	l_1-l_0	l_2-l_0	l_3-l_0	$\overline{\Delta l}$
Δl/cm	1.40	1.38	1.43	1.40

由 $k=0.9325$ N/m, $\Delta\overline{l}=1.40$ cm, $\overline{L}=3.52$ cm,得到 $\sigma_1=\dfrac{k\Delta x_1}{2\pi d}=0.059$ N/m

【思考题】

1. 分析引起测量值误差的主要原因。

2. 焦利氏秤与普通弹簧秤有何区别?

附表1 中华人民共和国法定计量单位

我国的法定计量单位包括：

1. 国际单位制(SI)的基本单位(附表1-1)
2. 国际单位制的辅助单位(附表1-2)；
3. 国际单位制中具有专门名称的导出单位(附表1-3)；
4. 国家选定的非国际单位制单位(附表1-4)；
5. 由以上单位构成的组合形式的单位；
6. 由词头(附表1-5)和以上单位所构成的十进倍数和分数单位。

法定计量单位的定义、使用方法等，由国家计量局另行规定。

附表1-1 国际单位制的基本单位

量的名称	单位名称	单位符号	量的名称	单位名称	单位符号
长度	米	m	热力学温度	开[尔文]	K
质量	千克(公斤)	kg	物质的量	摩[尔]	mol
时间	秒	s	发光强度	坎[德拉]	cd
电流	安[培]	A			

附表1-2 国际单位制的辅助单位

量的名称	单位名称	单位符号
平面角	弧度	rad
立体角	球面度	sr

附表1-3 国际单位制中具有专门名称的导出单位

量的名称	单位名称	单位符号	其他表示示例	备 注
频率	赫[兹]	Hz	s^{-1}	
力·重力	牛[顿]	N	$kg \cdot ms^2$	
压力,压强,应力	帕[斯卡]	Pa	$N \cdot m^2$	1达因＝10^{-3}N
能量,功,热	焦[耳]	J	$N \cdot m$	1尔格＝10^{-3}J
功率,辐射通量	瓦[特]	W	$J \cdot s$	1尔格秒＝10^{-3}W
电荷量	库[仑]	C	$A \cdot s$	
电压,电压,电动势	伏[特]	V	WA	

续表

量的名称	单位名称	单位符号	其他表示示例	备　注
电容	法[拉]	F	C・V	
电阻	欧[姆]	Ω	V・A	
电导	西[门子]	S	A・V	
磁通量	韦[伯]	Wb	V・s	
磁通量密度・磁感应强度	特[斯拉]	T	Wb・m²	
电感	亨[利]	H	Wb・A	1 静库仑＝$10^{-9}298$ C
摄氏温度	摄氏度	℃		1 静伏特＝$2.993×10^2$ V
光通量	流[明]	lm	cd・sr	$1G_S=10^{-4}T$
光照度	勒[克司]	lx	lm・m²	
放射性活度	贝可[勒尔]	Bq	s^{-1}	
吸收剂量	戈[瑞]	Gy	J・kg	
剂量当量	希[沃特]	Sv	J・kg	

附表 1-4　国家选定的非国际单位制单位

量的名称	单位名称	单位符号	换算关系和说明
时间	分[小]时天[日]	min h d	1min＝60s 1h＝60min＝3 600s 1d＝24h＝86 400s
平面角	[角]秒 [角]分 度	″ ′ °	$1''=(\pi 648\,000)$rad(π 为圆周率) $1'=60''=(\pi 10\,800)$rad $1°=60'=(\pi 180)$rad
旋转速度	转每分	r/min	$1r/min=(160)$s
长度	海里	n/mike	1 n/mike＝1 852m(只用于航程)
速度	节	kn	1 kn＝1 n/mike h＝(18 523 600)ms(只用于航行)
质量	吨 原子质量单位	t u	$1t=10^3$ kg $1u≈16\,605\,402×10^{-27}$ kg
体积	升	L.(I)	1 L＝1dm³＝10^{-3}m³
能	电子伏	eV	1 eV＝160 217 733×10^{-19}J
级差	分贝	dB	
线密度	特[克斯]	tex	1 tex＝10^{-6}kgm

附表 1-5　用于构成十进倍数和分数单位的国际单位制词头

因数	词头名称		符号	因数	词头名称		符号
	英文	中文			英文	中文	
10^3	deca	十	da	10^{-1}	deci	分	d
10^2	hecto	百	h	10^{-2}	centi	厘	c
10^3	kiko	千	k	10^{-3}	milli	毫	m
10^6	mega	兆	M	10^{-6}	micro	微	μ
10^8	giga	吉[咖]	G	10^{-9}	nano	纳[诺]	n
10^{12}	lera	太[拉]	T	10^{-12}	pico	皮[可]	p
10^{15}	peta	拍[它]	P	10^{-15}	femto	飞[母托]	f
10^{18}	exa	艾[可萨]	E	10^{-18}	atto	阿[托]	a
10^{22}	zetta	泽[它]	Z	10^{-21}	zepto	仄[普托]	z
10^{24}	youtta	尧[它]	Y	10^{-24}	yocto	幺[科托]	y

附表 2 一些常用的物理数据表

附表 2-1 基本物理常数（1986 国际推荐值）

物理量	符号	数值	单位	不确定度(10^{-6})
真空中光速	c	$2.997\,924\,58\times10^3$	ms	（精确）
真空磁导率	p_0	$4\pi\times10^{-3}$	HA^2	（精确）
真空介电常数	ε_H	$8.854\,187\,817\times10^{-12}$	Fm	（精确）
牛顿万有引力常数	G	$6.672\,59(852)\times10^{-11}$	N·m^{2}kg^2	128
普朗克常数	h	$6.626\,075\,5(40)\times10^{-34}$	J·s	0.60
约化普朗克常数	$h=h2\pi$	$1.054\,572\,66(63)\times10^{-34}$	J·s	0.60
基本电荷	e	$1.602\,177\,33(49)\times10^{-19}$	C	0.30
电子质量	m_e	$9.109\,389\,7(54)\times10^{-33}$	kg	0.59
质子质量	m_p	$1.672\,623\,1(10)\times10^{-27}$	kg	0.59
精细结构常数 $\alpha=e^2 4\pi\kappa_0 hc$	α	$7.297\,353\,08(33)\times10^{-27}$	I	0.045
里德堡常数 $R_\infty=e^2 8\pi\kappa_0 hc$	R_∞	$1.097\,373\,153\,4(13)\times10^9$	m^{-1}	0.0012
阿伏伽德罗常数	$NA·L$	$6.022\,136\,7(36)\times10^{-23}$	mol^{-1}	0.59
法拉第常数	F	$9.648\,530\,9(29)\times10^4$	C mol	0.30
摩尔气体常数	R	$8.314\,510(70)$	J(mol·K)	8.4
玻尔兹曼常数 $\kappa=RN_A$	κ	$1.380\,658(12)\times10^{-23}$	JK	8.5
玻尔半径 $\alpha_\beta=\alpha 4\pi R_\infty$	α_0	$5.291\,772\,49(24)\times10^{-21}$	m	0.045
电子半径	$r_e=h_a m_e c$	$2.817\,940\,92\times10^{-15}$	m	0.13
电子荷质比	$-em_p$	$1.758\,819\,62(53)\times10^{11}$	C kg	0.30
质子荷质比	em_p	$9.578\,830\,9(29)\times10^7$	C kg	0.30
中子质量	m_n	$1.674\,928\,6(10)\times10^{-23}$	kg	0.59

注:括弧内的数字是不确定度值,与主值的末位取齐。

附表 2－2　常用固体和液体的密度

$\rho:\times 10^3\ \text{kg/m}^3$

物质	密度 ρ	物质	密度 ρ	物质	密度 ρ
银	10.492	瓷器	2.0～2.6	聚氯乙烯	1.2～1.6
金	19.3	砂	1.4～1.7	冰	0.917
铝	2.70	砖	1.2～2.2	丙醇	0.791*
铁	7.86	沥青	1.04～1.40	乙醇	0.789 3*
铜	8.933	混凝土	2.4	甲醇	0.791 3*
镍	8.85	竹	0.31～0.40	苯	0.879 0*
钴	8.71	松木	0.52	三氯甲烷	1.489*
铬	7.14	软木	0.22～0.26	甘油	1.261*
铅	11.342	纸	0.7～1.1	甲苯	0.866 8*
锡	7.29	石蜡	0.87～0.94	重水	1.105*
锌	7.12	煤	1.2～1.7	汽油	0.66～0.75
黄铜	8.5～8.7	橡胶	0.91～0.96	柴油	0.85～0.90
花岗岩	2.6～2.7	丙烯树脂	1.182	松节油	0.87
大理石	1.52～2.86	尼龙	1.11	蓖麻油	0.96～0.97
玛瑙	2.5～2.8	聚乙烯	0.90	海水	1.01～1.05
玻璃(普通)	2.4～2.6	聚苯乙烯	1.056	牛乳	1.03～1.04

注:标有"＊"为 20℃时的值。

附表 2－3　在标准大气压下不同温度的水的密度

$\rho:\times 10^3\ \text{kg/m}^3$

温度℃	0°	1°	2°	3°	4°	5°	6°	7°	8°	9°
0°	0.999 84	0.999 90	0.999 94	0.999 96	0.999 97	0.999 96	0.999 94	0.999 91	0.999 98	0.999 81
10°	0.999 73	0.999 63	0.999 52	0.999 40	0.999 27	0.999 13	0.998 97	0.998 80	0.998 62	0.998 43
20°	0.998 23	0.998 02	0.997 80	0.997 57	0.997 33	0.997 06	0.996 81	0.996 54	0.996 26	0.995 97
30°	0.995 68	0.998 537	0.995 05	0.994 73	0.994 40	0.994 06	0.993 71	0.993 36	0.992 99	0.992 62
40°	0.992 2	0.991 9	0.991 5	0.991 1	0.990 7	0.990 2	0.989 8	0.989 4	0.989 0	0.988 5
50°	0.988 1	0.987 6	0.987 2	0.986 7	0.986 2	0.985 7	0.985 3	0.984 8	0.984 3	0.983 8
60°	0.983 2	0.982 7	0.982 2	0.981 7	0.981 1	0.980 6	0.980 1	0.979 5	0.978 9	0.978 4
70°	0.977 8	0.977 2	0.976 7	0.976 1	0.975 5	0.974 9	0.974 3	0.973 7	0.973 1	0.972 5
80°	0.971 8	0.971 2	0.970 6	0.969 9	0.969 3	0.968 7	0.968 0	0.967 3	0.966 7	0.966 0
90°	0.965 3	0.964 7	0.964 0	0.963 3	0.962 6	0.961 9	0.961 2	0.960 5	0.959 8	0.959 1
100°	0.958 4	0.957 7	0.956 9							

附表 2-4 部分固体的弹性模量

名称	杨氏模量 $E[10^{10}\,\mathrm{N\,m^2}]$	切变模量 $G[10^{10}\,\mathrm{N\,m^2}]$	泊松比 α
金	8.1	2.85	0.42
银	8.27	3.03	0.38
铂	16.8	6.4	0.30
铜	12.9	4.8	0.37
铁(软)	21.19	8.16	0.29
铁(铸)	15.2	6.0	0.27
铁(钢)	20.1~21.6	7.8~8.4	0.28~0.30
铝	7.03	2.4~2.6	0.355
锌	10.5	4.2	0.25
铅	1.6	0.54	0.43
锡	5.0	1.84	0.34
镍	21.4	8.0	0.336
硬铝	7.14	2.67	0.335
不锈钢	19.7	7.57	0.30
黄铜	10.5	3.8	0.374
熔融石英	7.31	3.12	0.170
玻璃(冕牌)	7.1	2.9	0.22
尼龙	0.35	0.122	0.4
聚乙烯	0.077	0.026	0.46
聚苯乙烯	0.36	0.133	0.35

注:材料的弹性模量值跟材料的结构、化学成分及加工制造方法有关。因此在某种情况下,实际材料的弹性模量值可能跟表中所列的平均值有所不同。

附表 2-5 物质的比热容

物质	温度(℃)	$C(\times10^2\,\mathrm{J\cdot kg^{-1}\cdot K^{-1}})$	物质	温度(℃)	$C(\times10^2\,\mathrm{J\cdot kg^{-1}\cdot K^{-1}})$
铝	25	9.04	黄铜	0	3.70
银	25	2.37	康铜	18	4.09
铂	25	1.363	石英玻璃	20~100	7.87
铜	25	3.850	石棉	0~100	7.95
石墨	25	7.70	玻璃	20	5.9~9.2
铁	25	4.48	云母	20	4.2
锌	25	3.89	橡胶	15~100	11.3~20
铅	25	1.28	石蜡	0~20	29.1
镍	25	4.39	木材	20	约12.5
水	25	41.39	陶瓷	20~200	7.1~8.8
乙醇	25	24.19			

附表 2 - 6 部分物质的导热系数

物质	温度(K)	λ[J(m·s·K)]	物质	温度(K)	λ[J(m·s·K)]
软木	300	0.042	锰铜	273	22
耐火砖	500	0.21	康铜	273	22
混凝土	273	0.84	不锈钢	273	14
云母(墨)	373	0.54	水	273	0.562
玻璃布	300	0.034	甘油	293	0.283
橡胶(天然)	298	0.15	石油	293	0.150
杉木	293	0.113	硅油(分子量 1 200)	333	0.132
棉布	313	0.08	空气	300	0.026 1
呢绒	303	0.043			

附表 2 - 7 部分金属和合金的电阻率及其温度系数

金属或合金	电阻率$(10^{-6}\Omega\cdot m)$	温度系数($^\circ C^{-1}$)	金属或合金	电阻率$(10^{-6}\Omega\cdot m)$	温度系数($^\circ C^{-1}$)
铝	0.028	42×10^{-4}	锌	0.059	42×10^{-4}
铜	0.017 2	43×10^{-4}	锡	0.12	44×10^{-4}
银	0.016	40×10^{-4}	水银	0.958	10×10^{-4}
金	0.024	40×10^{-4}	武德合金	0.52	37×10^{-4}
铁	0.098	60×10^{-4}	钢 0.10~0.15%碳	0.10~0.14	6×10^{-3}
铅	0.205	37×10^{-4}	康铜	0.47~0.51	$(-0.04\sim+0.01)\times10^{-3}$
铂	0.105	39×10^{-4}	铜锰镍合金	0.34~1.00	$(-0.03\sim+0.02)\times10^{-3}$
钨	0.055	48×10^{-4}	镍铬合金	0.98~1.10	$(0.03\sim0.4)\times10^{-3}$

注:电阻率与金属中的杂质有关,因此表中列出的只是 20℃时电阻率的平均值。

附表 2 - 8 电磁波的种类

频率 f(Hz)	波长 λ(m)	名称
$>10^{24}$	$<3\times10^{-11}$	Y 射线
$>10^{13}$	$<3\times10^{-8}$	X 射线
$10^{13}\sim10^{19}$	$3\times10^{-3}\sim3\times10^{-9}$	紫外线辐射
$\approx0.5\times10^{19}$	$\approx6\times10^{-7}$	可见光
$10^{13}\sim10^{19}$	$3\times10^{3}\sim3\times10^{-6}$	红外辐射
$10^{9}\sim10^{13}$	$0.3\sim3\times10^{-5}$	微波
$\approx10^{6}$	≈3	无线电超短波
$\approx10^{7}$	≈30	无线电短波
$\approx10^{6}$	≈300	无线电中波
$\approx10^{9}$	$\approx3\ 000$	无线电长波

附表 2-9　各种物质的折射率(对 $\lambda_p = 589.3\,nm$)

附表 2-9-1　一些气体的折射率

物质名称	折射率	物质名称	折射率
空气	1.000 292 6	氢气	1.000 132
氮气	1.000 296	氧气	1.000 271
水蒸气	1.000 254	二氧化碳	1.000 488
甲烷	1.000 444		

附表 2-9-2　一些液体的折射率

物质名称	温度℃	折射率	物质名称	温度℃	折射率
水	20	1.333 0	乙醇	20	1.361 4
甲醇	20	1.328 8	苯	20	1.501 1
乙醇	22	1.351 0	丙酮	20	1.359 1
二硫化碳	18	1.6 255	三氯化烷	20	1.446
甘油	20	1.47	加拿大树胶	20	1.530

附表 2-9-3　一些晶体及光学玻璃的折射率

物质名称	折射率	物质名称	折射率
熔凝石英	1.458 43	氯化钠(NaCl)	1.544 27
氯化钾(KCl)	1.490 44	萤石(CaF_2)	1.433 81
冕牌玻璃 K6	1.511 10	冕牌玻璃 K8	1.515 90
冕牌玻璃 K9	1.516 30	重冕玻璃 ZK6	1.612 60
重冕玻璃 ZK8	1.614 00	钡冕玻璃 BaK_2	1.539 90
火石玻璃 F8	1.605 51	重火石玻璃 ZF1	1.647 50
垂火石玻璃 ZF6	1.755 00	钡火石玻璃 BaF8	1.625 90

参考文献

1. 杨述武,等.普通物理实验.第二版.北京:高等教育出版社.1993.

2. 林抒,等.普通物理实验.北京:人民教育出版社.1981.

3. 吕斯骅,等.基础物理实验.北京:北京大学出版社.2002.

4. 曾贻伟,等.普通物理实验.北京:北京师范大学出版社.1989.

5. 肖苏,等.实验物理教程.合肥:中国科学技术大学出版社.1998.

6. 黄志敬.普通物理实验.西安:陕西师范大学出版社.1991.

7. 赵家凤.大学物理实验.北京:科学出版社.1999.

8. 董传华.大学物理实验.上海:上海大学出版社.2001.

9. 吴泳华,等.大学物理实验.北京:高等教育出版社.2001.

10. 李秀燕,等.大学物理实验.北京:科学出版社.2001.

11.《大学物理实验》编写组.大学物理实验.厦门:厦门大学出版社.1998.

12. 刘军.普通物理实验.乌鲁木齐:新疆人民出版社.1996.

13. 刘平.大学物理实验.南京:南京大学出版社.2012.

14. 刘柯林.大学物理实验教程.南京:南京大学出版社.2012.